이탈리아 ⬚⬚⬚⬚⬚⬚⬚⬚⬚⬚⬚ 이론
과 중력이 ⬚⬚⬚⬚⬚⬚⬚⬚⬚⬚⬚ 겸으
로 블랙홀⬚⬚⬚⬚⬚⬚⬚⬚⬚⬚의 대가로, '제2의
스티븐 호킹'이라 평가받는다. 1981년 볼로냐대학교
에서 물리학 학사와 석사 학위를 받고, 1986년 파도
바대학교에서 박사 학위를 받았다. 현재 프랑스 엑스
마르세유대학교 이론 물리학센터 교수이자 프랑스
대학연구협회 회원으로 활동하고 있다. 이론 물리학
연구센터 페리미터 연구소Perimeter Institute의 저명한 객
원 연구의장이기도 하다.

지은 책으로는 《모든 순간의 물리학Sette brevi lezioni di
fisica》, 《보이는 세상은 실재가 아니다La realta non e come ci
appare》, 《시간은 흐르지 않는다L'ordine del tempo》 등이 있
다. 2014년 이탈리아에서 《모든 순간의 물리학》이 첫
출간된 이후 그의 책들은 종합 베스트셀러에 올랐고,
40개국에서 번역·출간되어 200만 부 이상의 판매고
를 기록한 바 있다.

HELGOLAND

CARLO ROVELLI

나 없이는
존재하지 않는
세상

Helgoland by Carlo Rovelli

First published in Italian by Adelphi Edizioni

© 2020 Adelphi Edizioni S.p.A. Milano

All rights reserved.

Korean translation rights arranged through Icarias Agency

Korean translation © 2023 Sam & Parkers Co., Ltd.

카를로 로벨리의 기묘하고 아름다운 양자 물리학

나 없이는
존재하지 않는
세상

카를로 로벨리 지음 | 이중원 감수 | 김정훈 옮김

쌤앤
파커스

일러두기

• 이 책은 Carlo Rovelli의 이탈리아판 원서 《Helgoland》(2020)를 대본으로 삼아 번역했고, 영역판 《Helgoland》(2021)를 참고하여 감수했다.

• 독자의 이해를 돕기 위한 저자주 *는 각주로, 참고문헌과 상세 설명은 번호를 달아 미주로 처리했다.

내가 양자역학을 이해하지 못한다는 것을
깨닫게 해준 테드 뉴먼에게

눈부신 현실의 실체를 마주하다

차슬라프^{Čáslav}와 나는 바다에서 몇 걸음 떨어진 모래 사장에 앉아 있었습니다. 우리는 몇 시간 동안 열띤 대화를 나눴습니다. 학회 오후 휴식 시간 동안 홍콩 건너편에 있는 라마 섬에 와 있었죠. 차슬라프는 양자역학 분야에서 가장 유명한 전문가 중 한 사람입니다. 이번 학회에서 그는 복잡한 사고 실험에 대한 분석 결과를 발표했습니다. 우리는 정글을 따라 해변으로 이어지는 길에서 토론을 했고, 이곳 바닷가에서도 토론을 거듭했습니다. 우리는 사실상 의견 일치에 이르렀습니다. 해변에 앉은 우리 사이에 긴 정적이 흐릅니다. 바다를 한참 바라보다가 차슬라프가 나지막이 말합니다.

"정말 놀라워요. 이게 믿어지나요? 마치 현실이 존재하지 않는 것처럼…."

양자 문제에서 우리는 이런 단계에 와 있습니다. 한 세기 동안 현대 기술과 20세기 물리학의 기초를 제공하며 눈부신 성과를 거둔 가장 성공적인 이 과학 이론을 다시금 살펴보면, 우리는 놀라움과 혼란과 불신에 가득 차게 됩니다.

한때는 세계의 문법이 밝혀진 것처럼 보였습니다. 모든 다양한 형태로 존재하는 세계의 근저에는 몇 가지 힘에 의해 움직이는 물질 입자들만이 존재한다는 것이었죠. 인류는 마야Maya의 베일을 걷어냈다고 생각했습니다. 세계의 바탕을 보았다고요. 그러나 이는 오래가지 못했습니다. 많은 사실들이 앞뒤가 맞지 않았죠.

1925년 여름, 스물세 살의 한 독일 청년이 바람이 많이 부는 북해의 외딴 섬, '성스러운 섬'이라는 뜻의 헬골란트Helgoland 섬에서 며칠 동안 불안한 고독의 나날을 보냅니다. 그리고 그 섬에서 그는 모든 난해한 사실을 설명하고 양자역학의 수학적 구조인 '양자론'을 구축할 수 있는 아이디어를 얻었습니다. 아마도 역사상 가장 위대한 과학 혁명이었을 겁니다. 청년의 이름은 베르너 하이젠베르크Werner Heisenberg였죠. 이 책의 이야기는 그로부터 시작됩니다.

양자론은 화학의 기초, 원자와 고체 그리고 플라즈마의 작용, 하늘의 색깔, 우리 뇌의 뉴런, 별의 동역학, 은하의 기원 등 세계의 수많은 측면을 밝혀냈습니다. 그것은 컴퓨터에서 원자력발전소에 이르기까지 최신 기술의 기초가 됩니다. 공학자, 천체 물리학자, 우주학자, 화학자, 생물학자들은 매일 이 이론을 사용합니다. 고등학교 교과과정에도 그 이론의 기초가 포함되어 있

죠. 그 이론은 틀린 적이 없습니다. 현대 과학의 심장이
라고 할 수 있죠. 그러나 그것은 여전히 심오한 미스터
리로 남아 있습니다. 어딘지 모르게 불안함을 줍니다.

양자론은 이 세계가 정해진 궤적을 따라 움직이는
입자들로 구성된 것이라는 세계의 이미지를 부숴버렸
지만, 우리가 세계에 대해 어떻게 생각해야 하는지는
명확히 보여주지 않았습니다. 양자론의 수학은 세계의
실재를 기술하지 않으며, "무엇이 있는지" 알려주지 않
습니다. 멀리 떨어져 있는 물체들은 서로 마법으로 연
결되어 있는 것처럼 보입니다. 물질은 유령 같은 확률
파동으로 대체되고….

양자론이 실재 세계에 대해서 무엇을 말하는지 자문
해보는 사람은 누구나 당황하게 될 것입니다. 양자론
의 몇 가지 아이디어를 선구적으로 제시했던 아인슈타
인Albert Einstein도 그것을 소화하지 못했고, 20세기 후반의
위대한 이론 물리학자 리처드 파인만Richard Feynman은 아무
도 양자를 이해하지 못한다고 썼습니다.

하지만 그게 바로 과학입니다. 세상에 대한 새로운
사고방식을 탐구하는 것이죠. 과학은 우리의 개념에
끊임없이 의문을 제기할 수 있는 능력입니다. 과학은
그 자신의 개념적 토대를 수정하고, 세상을 처음부터
다시 설계할 수 있는 반항적이고 비판적인 사고의 힘
이죠.

양자론의 낯설음은 우리를 혼란스럽게 하지만, 이해하는 새로운 관점을 열어주기도 합니다. 공간 속의 입자들이라는 단순한 유물론의 실재보다 더 섬세한 실재, 대상들 이전에 관계로 이루어진 실재를요.

이 이론은 세계의 실재 구조에서부터 경험의 본성까지, 형이상학에서부터 어쩌면 의식의 본질에 이르기까지, 큰 물음들을 다시 생각할 수 있는 새로운 길을 제시합니다. 이 모든 것은 오늘날 과학자와 철학자들 사이에서 활발한 논쟁의 주제가 되고 있죠. 앞으로 이 모든 주제에 대해 이야기해보겠습니다.

베르너 하이젠베르크는 북풍이 몰아치는 극한의 척박한 섬 헬골란트에서 진리를 가리고 있던 장막을 걷어냈습니다. 그런데 그 장막 너머에서 나타난 것은 심연이었습니다. 이 책의 이야기는 하이젠베르크의 아이디어가 싹을 틔운 섬에서 시작하여, 세계 실재의 양자적 구조가 발견됨으로써 제기된 더 큰 질문으로 점차 확장해 갑니다.

$$\hbar\hbar$$

저는 이 책을 주로 양자 물리학에 익숙하지 않으며 양자 물리학이 무엇인지, 양자 물리학이 의미하는 바가 무엇인지 궁금해하는 사람들을 위해 썼습니다. 문제의 핵심을 파악하는 데 꼭 필요하지 않은 세부 사항은 생략하고 최대한 간결히 설명하려고 노력했습니다. 난해하지만 핵심적인 이론에 대해서는 가능한 한 명확하게 설명하려고 노력했고요. 어쩌면 양자역학을 이해하는 방법을 설명하기보다는, 양자역학을 이해하기가 왜 그렇게 어려운지를 설명하고 있는 것일지도 모르겠네요.

그러나 이 책은 양자역학에 대해 더 깊이 파고들수록 더 많은 의문을 품게 되는 동료 과학자와 철학자들을 위한 책이기도 합니다. 이 놀라운 물리학의 의미에 대한 대화를 계속 이어가고 더 일반적인 관점으로 나아가고 싶어서죠. 이 책에는 이미 양자역학에 익숙한 이들을 위한 주석도 많이 달려 있습니다. 본문에서는 좀 더 읽기 쉽게 말하고자 한 바를, 주석에서는 더 정확하게 표현했습니다.

이론 물리학 연구에서 나의 주요 목표는 공간과 시간의 양자적 본질을 이해하는 것이었습니다. 즉, 양자론을 공간과 시간에 대한 아인슈타인의 발견과 일관되게 만드는 것이죠. 이를 위해 나는 양자에 대해 끊임없이 생각했습니다. 이 글의 내용이 내가 현재 도달한 지점입니다. 다른 의견을 무시하는 것은 아닙니다. 하지만 나의 관점인 양자론에 대한 '관계론적' 해석이, 가장 유효하고 가장 흥미로운 길이라고 생각합니다.

시작하기 전에 한 가지 주의할 점이 있습니다. 미지의 심연은 언제나 사람을 끌어당기면서도 아찔합니다. 그러나 양자역학을 진지하게 받아들이고 그 의미를 생각해보는 것은 거의 초현실적인 경험입니다. 양자역학은 우리의 세계 이해에서 견고하고 침범할 수 없을 것 같았던 부분을 어떤 식으로든 포기하게 만듭니다. 세계의 실재가 우리가 상상했던 것과 완전히 다르다는 것을 받아들이도록 요구하는 것이죠. 깊이를 헤아릴 수 없는 심연에 가라앉는 것을 두려워하지 말고 그 심연 속을 들여다보라고 말입니다.

리스본, 마르세유, 베로나, 런던, 온타리오에서
카를로 로벨리

I

"기묘하고 아름다운 내부를 들여다보다."

한 젊은 독일 물리학자가 참으로
이상한 아이디어를 생각해낸다.
이 아이디어는 세계를 아주 잘 설명해주었고,
그 후에 큰 혼란이 뒤따른다.

베르너 하이젠베르크와 '관찰'

"최종 계산 결과가 내 눈앞에 나타난 것은 새벽 3시
쯤이었다. 나는 크게 동요했다. 너무 흥분해서 잠을
잘 수가 없었다. 나는 집을 나와 어둠 속을 천천히
걷기 시작했다. 섬 끝자락의, 바다가 내려다보이는
바위에 올라 해가 떠오르기를 기다렸다."[1]

나는 종종 궁금했습니다. 인류가 엿본 자연의 가장
아찔한 비밀 중 하나에 처음으로 눈을 뜨고 난 후, 북
해의 바람이 부는 척박한 헬골란트 섬에서 바다가 내
려다보이는 바위에 올라 거친 파도를 바라보며 일출을
기다리던 젊은 하이젠베르크는 무엇을 생각하고 무엇
을 느꼈을까. 하이젠베르크의 나이는 스물세 살이었습
니다.

알레르기로 고생하던 그는 증상을 완화하려고 이 섬
을 찾았습니다. '신성한 땅'이라는 뜻의 헬골란트에는
(제임스 조이스James Joyce가 《율리시스Ulysses》에서 "나무 한 그루가
헬골란트"라고 말했던 것처럼) 나무가 거의 없어 꽃가루도

매우 적었습니다. 그러나 무엇보다도 하이젠베르크는 자신이 골몰하고 있던 문제에 집중하기 위해 그곳에 와 있었습니다. 닐스 보어Niels Bohr가 그에게 건네준 뜨거운 감자. 그는 잠을 거의 자지 않고 혼자서 시간을 보내며, 보어의 이해할 수 없는 규칙을 정당화할 수 있는 무언가를 계산하려고 노력합니다. 가끔씩 쉴 때는 섬의 바위를 오르거나 괴테의 《서동시집West-östlicher Divan》에 실린 시를 외우기도 했습니다. 독일 최고의 시인이 이슬람에 대한 사랑을 노래한 시집이죠.

닐스 보어는 이미 유명한 과학자였습니다. 그는 화학원소를 측정하기 전에도 그 원소의 성질을 예측하는, 간단하지만 기묘한 공식을 만들었습니다. 예를 들어, 그 공식은 원소를 가열했을 때 방출되는 빛의 진동수를, 즉 원소가 띠는 색을 예측했습니다. 이는 놀라운 성과였습니다. 그러나 이 공식은 불완전했습니다. 방출되는 빛의 세기를 알려주지 않았기 때문이죠.

그러나 무엇보다도 이 공식에는 정말 터무니없는 점이 있었습니다. 이 공식은 전자가 원자핵 주위를 **특정** 궤도로만, 원자핵으로부터 **특정한** 거리에서, **특정한** 에너지로만 돈다고, 그리고 마술처럼 한 궤도에서 다른 궤도로 '점프'한다고 아무 근거 없이 가정하고 있었던 것입니다. 최초의 '양자 도약'이었죠. 왜 이런 궤도로만 돌까요? 한 궤도에서 다른 궤도로 말도 안 되는 이 '점프'란 뭘까요? 어떤 미지의 힘이 전자를 이렇게 이상하게 행동하도록 만드는 걸까요?

원자는 모든 것의 기본 구성 요소죠. 이 원자는 어떻게 작동할까? 그 안에서 전자는 어떻게 움직일까? 20세기 초에 보어와 그의 동료들은 10년 이상 이 질문에 대해 고민했습니다. 하지만 아무것도 얻지 못했죠.

르네상스 시대 화가의 작업실처럼, 보어는 원자의 신비를 풀기 위해 가장 뛰어난 젊은 물리학자들을 코펜하겐에 모아놓고 함께 연구했습니다. 그중에는 하이젠베르크의 친구이자 동창인, 매우 유능하고 영리하며 오만하고 대담한 볼프강 파울리Wolfgang pauli도 있었죠. 파울리는 위대한 보어에게 친구인 하이젠베르크를 추천하며, 연구가 진전되려면 하이젠베르크가 필요하다고 말했습니다. 보어는 그의 조언을 받아들여 1924년 가을, 당시 괴팅겐에서 물리학자 막스 보른Max Born의 조교로 일하고 있던 하이젠베르크를 코펜하겐으로 데려왔습니다. 하이젠베르크는 몇 달 동안 코펜하겐에서 머물며, 수식으로 뒤덮인 칠판 앞에서 보어와 대화를 나누었습니다. 청년과 거장은 산에서 함께 오래 산책을 하며 원자의 불가사의에 대해, 그리고 물리학과 철학에 대해 이야기했습니다.[2]

하이젠베르크는 이 문제에 푹 빠져들었습니다. 다른 사람들처럼 그도 온갖 시도를 했습니다. 하지만 아무런 성과가 없었습니다. 합리적으로 생각할 수 있는 그 어떤 힘도, 보어의 이상한 궤도와 특이한 도약으로 전자를 유도할 수 없을 것 같았습니다. 하지만 이러한 궤도와 도약을 상정하면, 실제로 원자 현상을 잘 예측할 수는 있었으니… 혼란스러웠죠.

낙담에 빠진 사람은 극단적인 해결책을 찾게 마련입니다. 하이젠베르크는 북해의 섬으로 가 홀로 급진적인 아이디어를 탐구하기로 결심했습니다.

20년 전 아인슈타인도 급진적인 아이디어로 세상을 놀라게 했었죠. 아인슈타인의 급진주의는 효과가 있었습니다. 파울리와 하이젠베르크는 그의 물리학에 매료되어 있었죠. 아인슈타인은 그들에게 신화적 존재였습니다. 그들은 생각했습니다. 원자 속의 전자 문제를 둘러싼 교착 상태에서 벗어나기 위해, 이제는 급진적인 조치를 취해야 할 때가 된 것이 아닐까? 우리가 할 수 있지 않을까? 20대에는 그 어떤 꿈도 꿀 수 있죠.

아인슈타인은 가장 뿌리 깊은 믿음조차 틀릴 수 있다는 것을 보여주었습니다. 명백해 보이는 것도 사실이 아닐 수 있고, 명백해 보이는 가정을 버리면 더 나은 이해로 이어질 수 있습니다. 아인슈타인은 그래야 한다고 생각하는 것에 의존하지 말고, 오직 우리가 보는 것에만 의존하라고 가르쳤습니다.

파울리는 이런 생각을 하이젠베르크에게 자주 애기

했습니다. 두 청년은 이 독이 든 꿀을 마셨습니다. 그들은 20세기 초 오스트리아와 독일 철학을 관통했던 실재와 경험 사이 관계에 대한 논의를 따랐던 것입니다. 아인슈타인에게 결정적인 영향을 미친 에른스트 마흐 Ernst Mach는, 암묵적인 '형이상학적' 가정에서 벗어나 오직 관찰에만 근거한 지식이 필요하다고 설파했습니다. 1925년 여름 헬골란트 섬에 은거하고 있던 젊은 하이젠베르크의 머릿속에는, 이러한 다양한 요소들이 마치 폭발물의 화학 성분들처럼 뒤섞여 있었습니다.

그리고 여기서 그는 아이디어를 떠올렸습니다. 20대의 무한한 급진주의에서만 얻을 수 있는 아이디어였죠. 장차 물리학 전체, 과학 전체, 우리의 세계상 전체를 통째로 바꾸어놓을 아이디어입니다. 아직 인류가 소화하지 못한 아이디어죠.

ħħ

하이젠베르크의 도약은 단순하면서 대담했습니다. '전자의 기괴한 행동을 유발할 수 있는 힘을 아무도 못 찾았다고? 좋아, 그러면 새로운 힘은 잊자. 대신, 우리가 이미 알고 있는 힘을 사용하자. 전자를 핵으로 끌어당기는 전기력을 사용하는 것이다.

보어가 말하는 전자의 궤도나 도약을 정당화할 수

있는 새로운 운동 법칙을 찾을 수 없다고? 좋다, 그렇다면 우리가 이미 알고 있는 운동 법칙을 바꾸지 않고 그대로 유지하자.

대신, 전자에 대해 생각하는 방식을 바꿔보자. 전자가 궤도를 따라 움직이는 물체라는 생각을 포기하자. 전자의 움직임을 기술하는 것을 포기하자. **우리가 관찰할 수 있는 것**, 즉 전자가 방출하는 빛의 강도와 진동수만 기술하자. 모든 것을 오직 **관찰 가능한** 양에 근거해서만 설명하자.'

이것이 바로 하이젠베르크의 발상이었습니다.

하이젠베르크는 관찰되는 양, 즉 방출되는 빛의 진동수와 진폭만을 사용하여 전자의 행동을 다시 계산하려고 시도합니다. 거기서부터 전자의 에너지를 다시 계산하려고 합니다.

우리는 전자가 한 보어 궤도에서 다른 보어 궤도로 **도약**할 때의 효과를 관찰할 수 있습니다. 그래서 하이젠베르크는 물리적 변수를 **표**로 대체합니다. 전자의 출발 궤도가 행에 있고 도착 궤도가 열에 있는 표입니다. 각 행과 열의 교차점에 있는 항목은 특정 궤도에서 다른 궤도로의 도약을 기술합니다. 그는 이 표를 사용하여 보어의 규칙을 정당화할 수 있는 무언가를 계산하면서, 섬에서 시간을 보냅니다. 그는 잠도 거의 자지 않고 시도했지만, 원자 속의 전자에 대한 계산을 해낼 수가 없었습니다. 너무 어려웠죠. 그래서 좀 더 간단한 체계인 진자에 대해 계산을 시도하였고, 이 경우에서 보어의 규칙을 찾았습니다. 6월 7일, 뭔가 맞아가기 시작합니다.

"첫 번째 항이 '보어의 규칙에' 맞게 보였을 때, 나는 흥분해 계산 실수를 연거푸 저지르기 시작했다. 계산의 최종 결과가 눈앞에 나타난 것은 새벽 3시경이었다. 모든 면에서 정확했다.

갑자기 나는 내 계산이 보여주는 새로운 양자 역학의 정합성에 대해 더 이상 의심이 들지 않았다.

나는 매우 놀랐다. 현상의 표면 너머의 기묘하고 아름다운 내부를 들여다보고 있다는 느낌이 들었다. 이제 자연이 내 앞에 아낌없이 펼쳐놓은 이 새롭고 풍부한 수학적 구조를 조사해야 한다는 생각에 어지러움이 느껴졌다."

오싹한 말이죠. 현상의 표면 너머에 있는 "기묘하고 아름다운 내부"라니. 이 말은 갈릴레오 Galileo Galilei가 경사면을 따라 물체가 떨어지는 것을 측정하는 과정에서 수학적 규칙성이 나타나는 것을 보았을 때, 지구상의 물체 운동을 설명하는 최초의 수학적 법칙을 발견했을 때 했던 말과 공명을 일으킵니다.

"겉보기에 무질서한 현상 뒤에 숨어 있는 수학적 법칙을 엿보았을 때의 감동만큼 짜릿한 것은 없다."

ħħ

6월 9일, 하이젠베르크는 헬골란트 섬을 떠나 괴팅겐 대학으로 돌아옵니다. 그는 친구 파울리에게 결과 사본을 보내며 견해를 밝힙니다.

"아직은 모든 것이 모호하고 불분명하지만, 전자는 더 이상 궤도를 따라 움직이지 않는 것 같아."

7월 9일, 그는 자신의 논문을 지도 교수였던 막스 보른에게(코펜하겐의 닐스 보어와 혼동하지 마세요) 다음과 같은 메모와 함께 보냈습니다.

"미친 논문을 하나 썼는데 저널에 보내 출판할 용기가 나지 않습니다."

그는 보른에게 논문을 읽어보고 조언해달라고 부탁합니다.

7월 25일, 막스 보른은 직접 하이젠베르크의 논문을 《물리학 저널Zeitschrift für Physik》에 보냅니다.[3]

그는 젊은 조수가 취한 조치의 중요성을 깨달았습니다. 그래서 보른은 내용을 명확히 하기로 합니다. 그는 하이젠베르크의 기이한 결과를 정리하기 위해 제자 파스쿠알 요르단Pascual Jordan을 참여시킵니다.[4] 하이젠베르크는 파울리를 참여시키려 했지만 파울리는 꺼려했습니다. 그에게는 너무 추상적이고 난해한 수학 게임처럼 보였기 때문이었죠. 그래서 처음에는 하이젠베르크, 보른, 요르단 세 사람만 이 이론을 연구했습니다.

그들은 열심히 작업하여 몇 달 안에 새로운 역학의 전체 형식 구조를 마련했습니다. 그것은 정말 단순한 이론이었습니다. 힘은 고전 물리학에서와 동일하고, 방정식도 고전 물리학의 방정식과 동일하지만(새로운 공식이 하나 추가되는데* 이 공식에 대해서는 나중에 이야기하겠습니다). 변수는 숫자 표, 이른바 '행렬'로 대체됩니다.

$$\hbar\hbar$$

왜 숫자 표일까요? 보어의 가설에 따르면, 우리가 원자의 전자에서 관찰하는 것은 전자가 한 궤도에서 다른 궤도로 도약할 때 방출되는 빛입니다. 도약에는 **두 가지** 궤도, 즉 전자의 출발 궤도와 도착 궤도가 관련됩니다. 그러면 각 관측치를 출발 궤도를 행으로, 도착 궤도를 열로 하는 표의 각 항목에 배치할 수 있습니다.

하이젠베르크의 아이디어는 전자의 운동을 기술하는 **모든** 양-위치, 속도, 에너지-을 더 이상 숫자가 아닌

---

* $XP\text{-}PX=i\hbar$

숫자 표로 쓰는 것입니다. 전자의 단일 위치 x가 있는 것이 아니라, (가능한 모든 도약이 일어나는 각각의) 가능한 위치의 전체 표 x가 있는 것이죠. 새로운 이론의 아이디어는 기존의 물리 방정식을 계속 그대로 쓰면서, 흔히 쓰는 물리량들(위치, 속도, 에너지, 진동수 등)을 이런 표들로 단순히 대체하자는 것입니다. 예를 들어 도약할 때 방출되는 빛의 강도와 진동수는 표의 해당 항에 의해 결정됩니다. 또한 에너지에 해당하는 표에는 대각선 1행 1열, 2행 2열에만 숫자가 있으며, 이것이 보어 궤도의 에너지를 나타냅니다.

		도착 궤도				
		Orbita 1	*Orbita 2*	*Orbita 3*	*Orbita 4*	···
	Orbita 1	X_{11}	X_{12}	X_{13}	X_{14}	···
	Orbita 2	X_{21}	X_{22}	X_{23}	X_{24}	···
출발 궤도	*Orbita 3*	X_{31}	X_{32}	X_{33}	X_{34}	···
	Orbita 4	X_{41}	X_{42}	X_{43}	X_{44}	···
	···	···	···	···	···	···

• 하이젠베르크 행렬: 전자의 위치를 '나타내는' 숫자 표. 예를 들어 숫자 X_{23}은 두 번째 궤도에서 세 번째 궤도로의 도약을 가리킨다.

이해가 되시나요? 전혀 그렇지 않죠. 칠흑같이 캄캄합니다.

하지만 변수를 표로 대체하는 이 터무니없는 수법으

로 계산을 하면 올바른 결과가 나옵니다. 실험에서 관찰되는 것을 정확히 예측하는 것이죠.

그해가 다 가기 전에 괴팅겐 삼총사에게 놀라운 일이 일어납니다. 보른이 한 무명의 영국 청년으로부터 우편으로 짧은 글 한 편을 받았습니다. 그 글에는 괴팅겐 행렬보다 훨씬 더 추상적인 수학 언어로 본질적으로 동일한 이론이 제시되어 있었습니다.[5] 이 청년이 폴 디랙Paul Dirac입니다.

하이젠베르크는 6월에 영국에서 강연을 한 적이 있었는데, 강연 말미에 자신의 아이디어를 언급했습니다. 디랙은 청중석에 있었지만 피곤한 나머지 도무지 머릿속에 들어오지 않았다고 합니다. 나중에 그는 교수로부터 하이젠베르크의 논문을 우편으로 받았지만, 그 논문을 전혀 이해하지 못했습니다. 디랙은 그 논문을 읽어보고는 말이 안 된다고 판단하고는 치워버렸습니다.

하지만 몇 주 후, 시골에서 산책을 하던 중, 하이젠베르크의 표가 자신이 연구했었던 내용과 비슷하다는 것을 깨닫습니다. 정확히 어떤 내용인지 기억이 나지 않았던 그는, 월요일에 도서관이 문을 열 때까지 기다리기로 했습니다. 그리고 도서관이 열리자 어떤 책을 찾아서 읽고 아이디어를 되살릴 수 있었습니다.[6] 그 후 그는 곧 괴팅겐의 세 마법사와 사실상 동일한 이론을 독자적으로 구성해냅니다.

이제 남은 일은 새로운 이론을 원자 내부의 전자에 적용하여 실제로 효과가 있는지 확인하는 것뿐입니다. 이 이론으로 정말 보어의 궤도를 모두 계산할 수 있을 까요?

그러나 계산은 너무 어려웠고, 세 사람은 계산을 완료하지 못했습니다. 그들은 누구보다 똑똑한 (그리고 오만한) 파울리[7]에게 도움을 요청합니다. 파울리는 이렇게 대답합니다.

"이 계산은 사실 너무 어려웠죠…. 여러분들한테는."

그는 곡예 같은 솜씨로 몇 주 만에 계산을 끝냅니다.[8]

결과는 완벽했습니다. 하이젠베르크, 보른, 요르단의 행렬 이론으로 계산된 에너지 값은 보어의 가설과 정확히 일치했죠. 이 새로운 도식에서 원자에 관한 보어의 기묘한 규칙을 끌어낼 수 있었습니다. 그뿐만이 아닙니다. 보어의 규칙으로는 알 수 없었던 방출되는 빛의 세기도 이 이론으로는 계산할 수 있었습니다. 이 역시 실험의 결과와 일치하는 것으로 밝혀졌죠!

완벽한 승리였습니다.

아인슈타인은 보른의 아내 헤디Hedwig Ehreneberg에게 보낸 편지에서 이렇게 썼습니다.

"하이젠베르크와 보른의 아이디어는 모든 이를 긴장시키고, 이론에 관심이 있는 모든 사람의 마음을 사로잡습니다."[9]

그리고 오랜 친구 미헬레 베소Michele Besso에게 보낸 편지에서는 "최근에 가장 흥미로운 이론은 양자 상태에 관한 하이젠베르크-보른-요르단의 이론입니다. 그야말로 마법 같은 계산이에요"라고 썼습니다.[10]

보어는 몇 년 후 이렇게 회상합니다.

"당시에는 이론의 재구성에 성공하면, 고전적 개념의 부적절한 사용을 점차 제거할 수 있을 것이라는 막연한 희망뿐이었다. 그러한 기획의 어려움에 주눅이 들어 있던 우리 모두는, 스물세 살의 나이에 하이젠베르크가 단숨에 목표를 달성했을 때 엄청나게 감탄했다."[11]

40대인 보른을 제외하고 하이젠베르크, 요르단, 디랙, 파울리는 모두 20대였습니다. 괴팅겐에서는 이들의 물리학을 '크나벤피직Knabenphysik'(청년 물리학)이라고 불렀습니다.

$$\hbar\hbar$$

16년 후, 유럽은 세계대전의 소용돌이에 휩싸입니다. 하이젠베르크는 이미 저명한 과학자가 되었죠. 히틀러는 그에게 원자에 대한 지식을 이용해 전쟁에서 승리할 수 있는 폭탄을 만들라는 임무를 줍니다. 하이젠베르크는 기차를 타고 독일군이 점령한 덴마크로 가서 코펜하겐의 옛 스승을 찾아갑니다. 노인과 청년은 함께 대화를 나누지만 서로를 이해하지 못한 채 헤어집니다. 훗날 하이젠베르크는 가공할 폭탄을 사용할 경우 뒤따르는 도덕적 문제에 대해 이야기하러 보어에게 갔다고 말합니다. 모두가 그 말을 믿지는 않았죠.

얼마 후 영국 특공대가 보어의 동의하에 보어를 납치해 점령지 덴마크 밖으로 데리고 나갑니다. 영국으로 이송된 보어는 처칠의 영접을 받은 후 미국으로 건너갔고, 양자역학을 이용해 원자를 조작하는 법을 배운 젊은 물리학자들과 함께 그의 지식을 활용하게 됩니다. 히로시마와 나가사키가 폐허가 되고 20만 명이 순식간에 목숨을 잃었죠.

오늘날 우리는 도시를 겨냥한 수만 개의 핵탄두를 안고 살아가고 있습니다. 누군가가 이성을 잃으면 지구상의 모든 생명이 파괴될 수 있습니다. '청년 물리학'의 무시무시한 위력은 누가 봐도 분명하지요.

$$\hbar\hbar$$

다행히도, 폭탄만 있는 것은 아닙니다. 양자론은 원자, 원자핵, 소립자, 화학결합의 물리학, 고체와 액체 그리고 기체의 물리학, 반도체, 레이저, 태양과 같은 별의 물리학, 중성자별과 원시우주의 물리학, 은하 형성의 물리학… 등에 적용되었습니다. 이 목록은 몇 페이지에 걸쳐 계속될 수도 있습니다. 이 이론은 예를 들어 원소 주기율표의 형태와 같이, 자연의 모든 부분을 이해할 수 있게 해주었으며, 수백만 명의 생명을 구한 의학적 응용, 새로운 장비, 신기술, 컴퓨터 등의 개발로 이어졌습니다. 이 이론은 수 킬로미터 떨어진 양자 상관관계, 양자 컴퓨터, 순간 이동 등 이전에는 관찰할 수도 짐작할 수도 없었던 새로운 현상을 예측했으며, 모든 예측은 정확한 것으로 밝혀졌습니다. 이러한 승리는 한 세기 동안 중단 없이 이어져왔으며 지금도 계속되고 있죠.

하이젠베르크, 보른, 요르단, 디랙의 계산 방식, 즉 '오직 관찰 가능한 것에만 국한'하고 물리적 변수를 행렬로 대체한다는 기발한 아이디어는[12] 아직 한 번도 틀린 적이 없습니다. 그 이론은 세계에 대한 이론 가운데, 지금까지 단 한 번의 오류도 없고 지금도 그 한계를 알지 못하는 유일한 근본 이론입니다.

ħħ

그런데 왜 우리는 전자를 관찰하고 있지 **않을** 때, 그 전자가 어디에 있고 무엇을 하고 있는지 기술할 수 없는 걸까요? 왜 우리는 전자에서 '관찰 가능한 것'에 대해서만 이야기해야 할까요? 왜 전자가 한 궤도에서 다른 궤도로 도약할 때 그 효과에 대해서는 말할 수 있으면서도, 특정 순간에 어디에 있는지는 말할 수 없는 것일까요? 숫자를 숫자 표로 대체한다는 것은 도대체 어떤 의미일까요?

"아직은 모든 것이 모호하고 불분명하지만, 전자는 더 이상 궤도를 따라 움직이지 않는 것 같다"는 말은 무엇을 의미할까요? 그의 친구 파울리는 하이젠베르크에 대해 이렇게 썼습니다.

"그는 끔찍한 방식으로 추론했고, 직관에만 의존했으며, 근본적인 가정과 기존 이론과의 관계를 명확하게 설명하는 데는 전혀 관심을 기울이지 않았다."

북해의 신성한 섬에서 잉태되어 이 모든 것을 일으킨, 베르너 하이젠베르크의 마법 같은 논문은 이런 문장으로 시작됩니다.

"이 작업의 목표는 원칙적으로 관찰 가능한 양들 사이의 관계에만 기초하여 양자역학 이론의 토대를 마련하는 것이다."

관찰 가능이라고? 누가 관찰하고 있든 아니든 자연이 무슨 상관을 한단 말입니까?

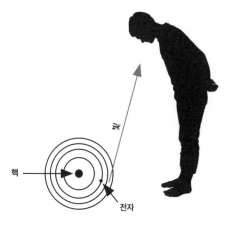

핵

전자

• 이 이론은 전자가 도약하는 동안 어떻게 움직이는지 말하지 않는다. 전자가 도약할 때 우리가 무엇을 볼 수 있는지만 말한다. 왜일까?

에르빈 슈뢰딩거의 확률

이듬해인 1926년, 모든 것이 명확해지는 것 같았습니다. 오스트리아의 물리학자 에르빈 슈뢰딩거^{Erwin} Schrödinger는 원자의 보어 에너지를 계산하여 파울리와 동일한 결과를 얻었지만, 그 방식은 완전히 달랐습니다.

이 결과 역시 대학 실험실에서 얻은 것이 아니었습니다. 슈뢰딩거는 스위스 알프스의 한 오두막에서 비밀 연인과 함께 휴가를 보내던 중 이 결과를 얻었습니다. 세기 전환기의 비엔나에서 자유롭고 관대한 분위기 속에 자란 총명하고 매력적인 에르빈 슈뢰딩거는 항상 여러 관계를 동시에 맺었으며, 어린 소녀들에게 매료된 것도 숨기지 않았습니다.

몇 년 후 노벨상 수상자가 되었는데도, 너무나도 틀에 얽매이지 않는 생활 방식 때문에 옥스퍼드 교수직을 떠나야 했습니다. 당시 그는 아내 아니^{Anny}와, 조교의 아내인 임신한 애인 힐다^{Hilda}와 함께 살고 있었습니다. 미국이라고 더 나을 것은 없었습니다. 프린스턴에서 에르빈과 아니, 힐다는 그 사이에 태어난 어린 루스^{Ruth}

를 돌보며 함께 살기를 원했지만, 프린스턴은 그런 결혼 생활을 받아들일 준비가 되어 있지 않았습니다. 그들은 더 자유로운 곳을 찾아 더블린으로 갔습니다. 그러나 그곳에서도 슈뢰딩거는 결국 스캔들을 일으킵니다. 제자 두 명이 슈뢰딩거의 아이를 낳은 것이었죠. 그의 아내 아니는 이렇게 말했습니다.

"망아지보다 카나리아와 함께 사는 것이 더 편하겠지만, 전 망아지가 더 좋아요."[13]

1926년 초 슈뢰딩거와 함께 산으로 들어갔던 여인의 이름은 아직까지 수수께끼로 남아 있습니다. 그녀가 비엔나 출신의 오랜 친구였다는 것만 알려져 있습니다. 전해지는 얘기에 따르면, 슈뢰딩거는 그녀와 함께 산으로 떠나면서, 물리학에 대해 생각하고 싶을 때 집중할 수 있도록 귀에 꽂을 진주 두 개, 그리고 아인슈타인이 읽어보라고 권했던 프랑스의 젊은 과학자 루이 드 브로이Louis de Broglie의 논문 한 권만 가지고 갔다고 합니다.

드 브로이의 논문은 전자와 같은 입자가 실제로는 파동일 수 있다는 아이디어를 연구한 논문입니다. 파도나 전자기파처럼 말이죠. 드 브로이는 다소 모호한 이론적 유추를 통해, 전자를 움직이는 파동으로 상상할 수 있다고 제안합니다.

사방으로 퍼져나가는 파동과 정해진 궤적을 따라 조

밀하게 있는 입자 사이에는 어떤 관계가 있을 수 있을 까요? 레이저의 광선을 생각해보세요. 레이저는 마치 입자들의 빔처럼 명확한 궤적을 따라가는 것처럼 보입니다. 하지만 레이저 광선은 빛으로 이루어져 있고, 그 빛은 파동, 즉 전자기장의 진동입니다. 실제로 레이저 빔은 결국 공간 속으로 분산되죠. 광선의 궤적이 그리는 깔끔한 직선은 사실 분산과 확산을 감춘 근사치일 뿐입니다.

슈뢰딩거는 소립자의 궤적도 그 기저에 있는 파동의 움직임에 대한 근사치일 뿐이라는 생각에 매료되었습니다.[14] 취리히에서 열린 세미나에서 이 아이디어에 대해 강연하던 중, 한 학생이 이러한 파동이 방정식을 따르는지 질문했습니다. 산속에서 비엔나 친구와 달콤한 시간을 보내는 틈틈이, 슈뢰딩거는 파동방정식에서 광선의 궤적으로 가는 경로를 능숙하게 역추적하여[15] 전자-파동이 원자 안에 있을 때 충족시켜야 하는 방정식을 알아냈습니다. 그는 이 방정식의 해를 연구하여… 보어 에너지를 정확히 추출해냅니다.[16] 와우!

그 후 하이젠베르크와 보른, 요르단의 이론에 대해 알게 된 그는, 수학적 관점에서 두 이론이 실질적으로 동등하며 동일한 값을 예측한다는 것을 입증하는 데 성공합니다. [17]

ħħ

파동이라는 아이디어는 정말 단순했기 때문에 괴팅겐 그룹과 관찰 가능한 양에 대한 그들의 난해한 고찰을 무색하게 만들었습니다. 마치 콜럼버스의 달걀과 같았죠. 하이젠베르크, 보른, 요르단, 디랙이 복잡하고 모호한 이론을 구축한 것은, 어지럽고 구불구불한 길을 걸어왔기 때문이지 사정은 훨씬 더 간단했습니다. 전자는 파동이다. 그게 전부죠. '관찰'과는 아무 관련이 없습니다.

슈뢰딩거 역시 20세기 초 비엔나의 활기찬 철학적, 지적 환경의 산물입니다. 철학자 한스 라이헨바흐Hans Reichenbach의 친구였던 그는 아시아 사상, 특히 힌두 베단타 철학에 매료되었고, 세계를 '표상'으로 해석하는 쇼펜하우어Schopenhauer의 철학에 (아인슈타인이 그랬던 것처럼) 심취했습니다. 통념에 얽매이지 않고, '사람들이 어떻게 생각할지' 걱정하지 않는 그는 고체의 세계를 파동의 세계로 대체하는 데 아무런 거리낌이 없었습니다.

슈뢰딩거는 파동의 이름을 지을 때 그리스 문자 ψ '프시'를 사용했습니다. ψ는 '파동함수'라고도 불리죠.[18] 그의 놀라운 계산은 미시 세계가 입자로 구성된 것이 아니라 ψ 파동으로 이루어져 있다는 것을 보여줍니다. 원자핵 주변에는 점 같은 물질이 돌고 있는 것이 아니라, 바람에 물결치는 작은 호수의 파도처럼 슈뢰딩거 파동의 연속적인 출렁임이 존재하는 것이죠.

이 '파동역학'은 괴팅겐의 '행렬역학'과 같은 예측을 내놓지만, 훨씬 더 설득력 있어 보였습니다. 슈뢰딩거의 계산이 파울리의 계산보다 더 간단합니다. 20세기 전반의 물리학자들은 파동방정식에는 익숙했지만 행렬에는 익숙하지 않았죠. 당시 한 유명한 물리학자는 이렇게 회상합니다.

"슈뢰딩거의 이론은 안도감을 주었습니다. 더 이상 행렬이라는 낯선 수학을 배울 필요가 없어졌기 때문입니다."[19]

무엇보다도 슈뢰딩거의 파동은 시각화하고 상상하기가 쉽습니다. 하이젠베르크가 없애고자 했던 '전자의 궤적'이 어떻게 되었는지를 명확하게 보여줍니다. 전자를 퍼져나가는 파동이라고 생각하면 되는 것이죠.

슈뢰딩거가 모든 면에서 승리한 것처럼 보였습니다.

ℏℏ

하지만 그것은 착각이었습니다.

하이젠베르크는 슈뢰딩거 파동의 개념적 명확성이 신기루에 불과하다는 것을 금세 알아차립니다. 파동은 조만간 공간 속으로 퍼져가지만, 전자는 그렇지 않습니다. 전자는 어딘가에 다다를 때 오로지 항상 온전하게 한 지점에 도달합니다. 전자가 원자핵에서 방출되는 경우, 슈뢰딩거방정식에 따르면 ψ 파동은 공간의 모든 곳에 고르게 퍼질 것으로 예측됩니다. 그러나 전자가 입자검출기나 텔레비전 화면 등에서 감지될 때, 전자는 한 지점에 도달하지, 공간에 퍼져 있지 않습니다.

슈뢰딩거의 파동역학에 대한 논의는 빠르게 활기를 띠다가 갑자기 격렬해집니다. 하이젠베르크는 자신의 발견에 대한 중요성이 의심받고 있다는 생각에 화가 나 신랄하게 말합니다.

"슈뢰딩거 이론의 물리적 측면에 대해 생각할수록 더 역겨움을 느낀다. 슈뢰딩거가 자신의 이론으로 '시각화 가능성'에 대해 쓴 것은 '아마 맞지 않을 것이다.' 다시 말해, 헛소리다."[20]

슈뢰딩거는 놀림조로 반박합니다.

"전자가 벼룩처럼 여기저기 뛰어다닌다는 것은 상상할 수 없다."[21]

하지만 하이젠베르크가 옳았습니다. 파동역학이 괴팅겐 행렬역학만큼이나 명확하지 않다는 것이 점차 분명해졌습니다. 파동역학은 정확한 수치를 산출하는 또 하나의 계산 도구이며 사용하기는 더 쉬운 것 같지만, 그 자체로는 무슨 일이 일어나고 있는지 명확하고 즉각적인 그림을 주지는 못합니다. 파동역학도 하이젠베르크의 행렬만큼이나 모호합니다. 우리가 전자를 볼 때마다 한 지점에서만 보인다면, 어떻게 전자가 공간에서 퍼지는 파동일 수 있을까요?

몇 년 후 슈뢰딩거는 패배를 인정합니다.

"파동역학의 창시자들은(즉 슈뢰딩거 자신이) 한순간 양자론에서 불연속성을 제거했다는 착각에 빠져 있었다. 그러나 이론의 방정식에서 제거된 불연속성은, 우리가 관찰한 것과 이론을 비교할 때 다시 나타난다."[22]

또다시, '우리가 관찰하는 것'이 등장합니다. 하지만 다시금 묻자면, 우리가 보고 있든 아니든 자연은 무슨 상관일까요?

$$\hbar\hbar$$

슈뢰딩거의 ψ의 의미를 가장 먼저 이해하고[23] 퍼즐의 한 조각을 더한 사람은 또다시 막스 보른입니다. 진지하고 다소 소극적인 공학자의 분위기를 풍기는 보른은 양자론의 창시자 중 가장 소박하고 잘 알려지지 않았지만, 비유로나 글자 그대로나 '방 안의 유일한 어른'이자 양자론의 진정한 설계자일 것입니다.

1925년 당시 양자 현상을 설명하기 위해서는 근본적으로 새로운 역학이 필요하다는 것을 분명히 인식하고 있던 사람은 바로 보른이었습니다. 젊은이들에게 이 아이디어를 심어준 사람도 보른이었고, 하이젠베르크의 혼란스러운 첫 번째 계산에서 올바른 아이디어를 알아차리고 이를 진정한 이론으로 발전시킨 사람도 보른이었습니다.

그는 슈뢰딩거 파동함수의 값은 공간의 한 지점에서 전자가 관측될 **확률**을 결정한다는 사실을 이해했습니다.[24] 입자검출기에 둘러싸여 있는 원자가 전자를 방출하는 경우, 검출기가 있는 지점에서의 ψ 값에 따라 (다른 검출기가 아니라) 그 검출기가 전자를 감지할 확률이 결정된다는 것입니다.

따라서 슈뢰딩거의 ψ는 실재하는 실체를 나타내는 것이 아니라, 어떤 일이 실제로 일어날 **확률**을 알려주는 계산 도구입니다. 내일 어떤 일이 일어날지 알려주는 일기 예보와도 같은 것이죠.

괴팅겐 행렬역학도 마찬가지입니다. 정확한 예측이 아니라 **확률적인** 예측을 제공하는 수학인 것이죠. 슈뢰딩거의 양자론도 하이젠베르크의 양자론도 모두 확실성이 아닌 확률을 예측합니다.

ħħ

그런데 왜 확률일까요? 우리는 보통 모든 데이터를 갖고 있지 않을 때 확률을 이야기합니다. 룰렛의 공이 5의 칸에 들어갈 확률은 37분의 1입니다. 하지만 공을 던질 때 공의 정확한 위치와 공에 작용하는 모든 힘을 안다면, 어느 칸에 공이 떨어질지 예측할 수 있겠죠. (1980년대에 한 무리의 똑똑한 젊은이들이 신발 속에 숨긴 작은 컴퓨터를 이용해 라스베가스 카지노에서 많은 돈을 땄다고 하죠.)[25] 어떤 일이 일어날지 확실히 알지 못해 확률을 이야기하는 경우는, 모든 데이터가 우리에게 없을 때인 것입니다.

하이젠베르크와 슈뢰딩거의 양자역학도 확률을 예측하는데, 그렇다면 그 이론들은 모든 관련 데이터를 고려하지 않는 이론인 걸까요? 그래서 우리에게 확률만 알려주는 걸까요? 아니면 정말로 자연이 여기저기서 **무작위로** 뛰어다니는 걸까요?

아인슈타인은 이 문제를 생생한 말로 표현했습니다. "신은 정말 주사위 놀이를 하는가?"

아인슈타인은 비유적인 표현을 좋아했고, 무신론을 표방했음에도 '신'을 비유로 사용하는 것을 좋아했습니다. 그러나 이 경우에는 그의 말을 글자 그대로 이해할 수 있습니다. 아인슈타인은 '신'과 '자연'을 동의어로 썼던 스피노자Spinoza를 좋아했습니다. 따라서 '신은 정말 주사위 놀이를 하는가?'는 글자 그대로 '자연의 법칙은 정말 결정론적이지 않은가?'를 의미합니다. 하이젠베르크와 슈뢰딩거의 논쟁이 있은 지 100년이 지난 지금도 이 질문은 여전히 논쟁거리가 되고 있습니다.

어쨌든 슈뢰딩거의 파동함수 ψ만으로는 양자의 모호함을 명확히 밝히기에 충분하지 않습니다. 전자를 단순한 파동으로 생각하는 것만으로는 충분치 않아요. ψ는 언제나 한 지점에 집중되어 있는 입자인 전자가, 다른 곳이 아닌 한 지점에서 관찰될 확률을 결정하는 불명확한 무언가입니다. ψ는 슈뢰딩거가 만든 방정식에 따라 시간이 지남에 따라 변화하지만, **우리가 보지 않는 한에서만** 변화합니다. 우리가 그것을 보면, 팍! 한 점으로 집중되어 거기서 입자가 보이는 것이죠.[26]

마치 관찰한다는 단순한 사실만으로도 현실이 바뀌는 것처럼 말입니다.

이론은 **관찰**을 기술할 뿐 한 관찰과 다른 관찰 사이에 일어나는 일은 기술하지 않는다는 하이젠베르크의 모호한 생각에 더해, 이론은 어떤 것을 관찰할 **확률**만을 예측한다는 생각까지도 추가되었습니다. 수수께끼가 더욱 깊어지네요.

세계의 입자성

　지금까지 1925년과 1926년에 양자역학이 어떻게 탄생했는지 이야기하면서, 이 이론의 두 가지 핵심 아이디어를 소개했습니다. 그것은 **관찰 가능한 것**만 설명한다는 하이젠베르크의 독특한 아이디어와, 보른이 이해한 대로 이 이론이 **확률**만을 예측한다는 사실이었습니다.

　양자역학에는 세 번째 핵심 아이디어가 있습니다. 이를 설명하기 위해 하이젠베르크가 신성한 섬으로 운명적인 여행을 떠나기 20년 전으로 거슬러 올라가보겠습니다. 20세기 초에 이상하고 이해할 수 없다고 여겨졌던 현상은 원자 속 전자의 기이한 행동만이 아니었습니다. 다른 이상한 현상들도 관찰되었죠. 이 현상들의 공통점은 에너지와 다른 물리량들이 기묘하게도 **입자성**을 갖는 것으로 드러난다는 것이었습니다. 양자역학이 등장하기 전에는 에너지가 입자일 수 있다고 생각하는 사람은 아무도 없었습니다. 예를 들어, 던져진 돌의 에너지는 던지는 속도에 따라 달라지는데, 속도는 어떤 값이든 될 수 있으니 에너지도 어떤 것이든 될 수 있다는 것이었죠. 그러나 세기가 바뀌는 동안 실험에서 에너지의 특이한 행동이 나타났습니다.

hh

예를 들어 오븐 내부에서는 전자기파가 특이한 방식으로 작동합니다. 자연스러운 예상과는 달리 열(즉, 에너지)이 모든 진동수의 파동에 분포되지 않습니다. 높은 진동수에는 도달하지 않는 것이죠. 하이젠베르크가 헬골란트를 방문하기 25년 전인 1900년, 독일의 물리학자 막스 플랑크Max Planck는 실험실에서 측정한 열에너지가 서로 다른 진동수의 파동에 분포되는 방식을 잘 재현하는 공식[27]을 도출해냈습니다. [28] 플랑크는 이 공식을 일반 법칙에서 도출하는 데 성공했지만, 그 대신 각 파동의 에너지가 **기본 에너지의 정수배일 수만 있다**는 희한한 가설을 추가했죠.

마치 에너지가 꾸러미로 되어 있는 듯합니다. 플랑크의 계산이 성립하려면, 진동수가 다른 파동마다 이 꾸러미들의 크기도 달라야 합니다. 파동의 진동수에 비례해야 하는 것이죠.[29] 즉, 진동수가 높은 파동은 더 큰 에너지 꾸러미로 이루어지는 것입니다. 에너지가 아주 높은 진동수에 도달할 수 없는 것은, 그렇게 큰 에너지 꾸러미가 만들어질 수 없기 때문이죠.

플랑크는 실험에서 얻은 관찰을 통해 에너지의 꾸러미와 파동의 진동수 사이의 비례상수를 계산했습니다. 그는 이 상수를 'h'라고 불렀습니다. 그 의미는 몰랐지만요. 오늘날에는 보통 h를 사용하는 대신 ħ라는 기호를 사용하는데, ħ는 h를 2π로 나눈 값을 나타냅니다. 이 기호를 고안한 것은 디랙입니다. 그는 h에 가로선을 붙여 버릇했는데, 계산에서 h를 2π로 나누는 경우가 많아 매번 'h/2π'를 쓰는 것이 귀찮았기 때문이었다고 합니다. 기호 ħ는 영어로는 'h bar(에이치 바)' 이탈리아어로 'acca tagliata(아카 탈리아타)'로 읽습니다. '플랑크상수'라고도 불리는데 그 때문에 가로선이 없는 h와 혼동을 일으키기도 하죠. 오늘날 이 기호는 양자론을 가장 특징적으로 나타내는 상징이 되었습니다. (저는 ħ가 작게 수놓인 티셔츠를 가지고 있는데, 아주 좋아하는 옷입니다.)

ħħ

5년 후, 아인슈타인은 빛과 그 밖의 모든 전자기파가 **실제로** 기본 '입자'로 이루어져 있으며, 각 입자는 진동수에 따라 고정된 에너지를 가지고 있다는 주장을 내놓았습니다. [30] 최초의 '양자'인 것이죠. 오늘날 우리는 이를 빛의 양자인 '광자'라고 부릅니다. 이 광자의 크기를 플랑크상수 h로 측정합니다. 각 광자는 그것이 속해 있는 빛의 진동수의 h배에 해당하는 에너지를 갖는 것이죠.

아인슈타인은 이러한 '기본 에너지 입자'가 실제로 존재한다고 가정함으로써 당시에는 이해되지 않았던 광전효과라는 현상을 설명할 수 있었고,[31] 실제 측정이 이루어지기 전에 그 특성을 예측할 수 있었습니다.

1905년 초에 이미 아인슈타인은 이러한 현상으로 인해 제기된 문제가 매우 심각하여 역학을 완전히 수정해야 한다는 것을 최초로 깨닫습니다. 이 때문에 그는 양자론의 정신적 아버지라 불리죠. 빛이 파동인 동시에 광자의 구름이라는 그의 생각은 혼란스럽지만, 그래도 그 아이디어는 드브로이가 **모든** 기본 입자를 파동이라고 생각하게 하고 슈뢰딩거가 파동 ψ를 도입하는 데 영감을 주었습니다. 아인슈타인은 여러모로 양자역학에 영감을 주었죠. 보른은 아인슈타인에게서 역학을 완전히 수정해야 한다는 것을 배웠습니다. 하이젠베르크는 아인슈타인에게서 영감을 받아 측정 가능한 양으로만 관심을 제한했죠. 슈뢰딩거의 출발점이 된 드브로이의 아이디어도 아인슈타인의 광자에서 영감을 받은 것이었습니다. 그뿐만이 아니에요. 아인슈타인은 확률을 이용해 원자 현상을 연구한 최초의 인물로, 보른이 파동 ψ의 의미를 확률에서 찾아야 한다는 것을 이해하는 길을 열었습니다. 양자론은 팀 작업으로 이루어졌던 것입니다.

ħħ

플랑크상수는 1913년 보어의 규칙에서 다시 등장합니다.[32] 여기에서도 같은 논리가 적용되죠. 원자 내 전자의 궤도는, 마치 에너지가 꾸러미로 된 입자인 듯이, 특정 에너지만 가질 수 있습니다. 전자가 한 보어 궤도에서 다른 보어 궤도로 도약하면 에너지 꾸러미가 방출되는데 그것이 빛의 양자가 됩니다. 그리고 1922년, 오토 슈테른Otto Stern이 고안하고 발터 게를라흐Walther Gerlach가 프랑크푸르트에서 수행한 실험에서, 원자의 회전속도조차 연속적이지 않고 특정한 **불연속적인** 값만을 취한다는 사실이 밝혀졌습니다.

광자, 광전효과, 전자기파 사이의 에너지 분포, 보어의 궤도, 슈테른과 게를라흐의 측정 등 이 모든 현상을 지배하는 것이 바로 플랑크상수 ħ인 것입니다.

1925년에 하이젠베르크와 그 동료들의 양자 이론이 마침내 등장하면서 이 **모든** 현상을 한 번에 설명할 수 있게 되었습니다. 현상들을 예측하고 그 특성을 계산할 수 있게 되었죠. 이 이론을 통해 뜨거운 오븐의 진동수 간 열 분포, 광자의 존재, 광전효과, 슈테른과 게를라흐의 측정 결과 및 그 밖의 모든 이상한 '양자' 현상에 대한 플랑크 공식을 도출할 수 있게 되었습니다.

양자론이라는 명칭은 '알갱이'를 뜻하는 '퀸타'라는 말에서 유래했습니다. 양자 현상은 세계가 아주 작은 규모에서는 입자적이라는 사실을 드러냅니다. 입자성은 에너지에만 국한된 것이 아니라 매우 일반적입니다. 제 연구 분야인 양자 중력 이론에서는 우리가 살고 있는 물리적 공간이 매우 작은 규모에서 입자적이라는 사실을 보여주죠. 그러니까 공간의 경우에도 플랑크상수가 (극히 작은) 기본적인 '공간의 양자'의 크기를 결정하는 것입니다."[33]

입자성은 **관찰**, **확률**과 함께 양자론의 세 번째 핵심 개념입니다. 하이젠베르크 행렬의 행과 열은 에너지가 취하는 개별 **입자적인** 혹은 불연속적인 값에 직접 대응하는 것입니다.

ħħ

이렇게 우리는 1부의 결말로 다가갑니다. 1부에서는 양자론의 탄생과 그로 인한 혼란에 대해 이야기했습니다. 이제 2부에서는 그 혼란에서 벗어날 수 있는 길을 소개할 것입니다. 하지만 1부를 마무리하기 전에 양자론이

고전 물리학에 덧붙인 한 가지 방정식에 대해 몇 가지 말해두고 싶습니다.

재미있는 방정식이죠. 위치에 속도를 곱하는 것은 속도에 위치를 곱하는 것과는 다르다는 것입니다. 위치와 속도가 숫자라면 어느 순서로 곱해도 차이가 없을 겁니다. 7 곱하기 9는 9 곱하기 7과 같으니까요. 그러나 이제 양자역학에서 위치와 속도는 숫자의 **표**이므로, 두 표를 곱할 때 순서가 중요해집니다. 이 새로운 방정식은 어떤 순서로 곱했을 때와 그 반대 순서로 곱했을 때의 차이를 보여줍니다.

정말 간결하고 단순한 공식입니다. 하지만 이해할 수가 없죠.

이 공식을 해독하려고 하지 마세요. 과학자들과 철학자들이 아직도 이 방정식을 두고 논쟁 중이니까요. 나중에 다시 이 방정식으로 돌아와서 내용을 조금 더 자세히 살펴보겠지만, 어쨌든 여기에 공식을 적어두겠습니다. 이 방정식이야말로 양자론의 핵심이기 때문입니다. 그 공식은 다음과 같습니다.

$$XP - PX = i\hbar$$

이게 다입니다. 문자 X는 입자의 위치를 나타내고 문자 P는 입자의 속도에 질량을 곱한 값입니다(전문용어로는 '운동량'이라고 하죠). 문자 i는 -1의 제곱근을 나타내는 수학 기호이며, 앞서 살펴본 바와 같이 $\hbar$는 플랑크상수를 2π로 나눈 값입니다.

어찌 보면 하이젠베르크와 동료들은 물리학에 이 간단한 방정식만 추가했을 **뿐**입니다. 그리고 거기서 모든 것이 따라 나왔죠. 양자 컴퓨터도, 원자폭탄도.

형태가 이렇게 극도로 단순해지면, 그 의미가 극도로 모호해집니다. 양자론은 입자성, 양자 도약, 광자 등 모든 것을 예측하지만, 그것의 기반은 고전 물리학에 추가된 8개의 기호로 이루어진 이 하나의 방정식입니다. 위치에 속도를 곱한 것과 속도에 위치를 곱한 것이 다르다는 것을 말하는 하나의 방정식 말이죠. 깜깜하기 이를 데 없습니다. 어쩌면 영화감독 무르나우^{Friedrich Murnau}가 《노스페라투^{Nosferatu}》*를 헬골란트 섬에서 촬영한 게 우연이 아니었을지도 모르겠어요.

$$\hbar\hbar$$

1927년 닐스 보어는 이탈리아 코모 호수에서 강연을 했습니다. 새로운 양자론에 대해 이해된(또는 이해되

---

* 1922년 독일 표현주의의 거장 프리드리히 빌헬름 무르나우 감독이 연출한 최초의 장편 흡혈귀 영화로, 브램 스토커^{Bram stoker}의 소설 《드라큘라^{Dracula}》를 원작으로 한 무성영화.

지 않은) 모든 것을 요약하여 소개하고, 그 활용법을 설명하는 강연이었죠.[33] 1930년 디랙은 이 새로운 이론의 형식적 구조를 우아하게 설명한 책을 썼습니다.[34] 지금도 이 이론을 배우기에 가장 좋은 책으로 여겨지고 있습니다. 그리고 2년 뒤, 당대 최고의 수학자 존 폰 노이만John von Neumann이 수리 물리학에 관한 훌륭한 저서에서 양자역학의 형식을 둘러싼 몇 가지 문제를 바로잡았습니다.[35]

이 이론을 구축한 사람들은 역사상 유례없는 노벨상 연속 수상으로 공로를 인정받았습니다. 아인슈타인은 1921년 빛의 양자를 도입해 광전효과를 규명한 공로로 노벨상을 받았습니다. 1922년에는 보어가 원자의 구조에 관한 법칙을 발견한 공로로 노벨상을 수상했죠. 1929년에는 드 브로이가 물질파의 개념으로 수상했습니다. 1932년에는 하이젠베르크가 '양자역학의 창시'로, 1933년에는 슈뢰딩거와 디랙이 원자 이론의 '새로운 발견'으로, 1945년에는 파울리가 이 이론에 대한 기술적 기여를 한 공로로, 1954년에는 보른이 확률의 역할을 이해한 공로로 (사실 그는 훨씬 더 많은 일을 해냈지만요) 수상하였습니다. 유일하게 상을 받지 못한 사람은 파스칼 요르단Pascual Jordan이었습니다. 아인슈타인이 하이젠베르크와 보른과 요르단이 이 이론을 창시했다고 (옳게) 주장했는데도 말이죠. 하지만 요르단은 나치 독일

에 너무 많은 충성을 보였습니다. 인간은 패자의 공로를 인정하지 않는 법이죠.[36]

이토록 많은 찬사를 받고 이토록 엄청난 성공을 거두고 수많은 기술을 낳았는데도, 이 이론은 여전히 베일에 싸여 있습니다. 닐스 보어는 이렇게 씁니다.

"양자 세계는 존재하지 않는다. 양자에 대한 추상적인 설명만이 있을 뿐이다. 물리학의 임무가 자연이 어떠한지 기술하는 것이라고 생각하는 것은 잘못이다. 물리학은 자연에 대해 우리가 무엇을 말할 수 있는지를 다룰 뿐이다."

헬골란트에서 베르너 하이젠베르크가 얻은 독창적인 통찰에 따르면, 이 이론은 우리가 보지 **않을** 때 물질 입자가 어디에 있는지 말해주지 않습니다. 그저 **우리가 그 입자를 관찰하면** 그 입자를 어떤 지점에서 찾을 확률이 얼마나 되는지를 말해줄 뿐이죠.

그런데 여전히 의문이 생깁니다. 우리가 보고 있는지 아닌지가 그 입자에게 도대체 무슨 상관일까요? 인류가 만들어낸 가장 효과적이고 강력한 이 과학 이론은 여전히 미스터리입니다.

II

극단적인 아이디어를 모은
기묘한 동물 화집

기묘한 양자 현상이 소개된다.
다양한 과학자와 철학자들이
저마다의 방식으로 양자 현상을 이해하려고 노력한다.

중첩

대학에서 전공을 정할 때 나는 많이 망설였습니다. 그리고 마지막 순간에 물리학을 선택했죠. 당시 볼로냐 대학에서는 (아직 온라인 등록이 없었기 때문에) 등록일 각 전공 창구에 긴 줄이 늘어서 있었는데, 결국 물리학과로 진학하기로 결정한 데는 물리학과의 줄이 가장 짧았던 것도 한몫했습니다.

내가 물리학에 끌린 이유는, 죽도록 지루한 고등학교 물리학 수업의 뒤에, 그러니까 스프링과 지렛대, 구르는 공을 이용한 우스꽝스러운 운동 실험 뒤에, 세계 실재의 본질을 이해하고자 하는 진정한 호기심이 숨어 있다고 느꼈기 때문입니다. 그 호기심은 내 10대 시절의 불안한 호기심과 공명했습니다. 무엇이든 해보고 싶고, 읽고 싶고, 알고 싶고, 보고 싶고, 모든 곳에 가보고 싶고, 모든 환경, 모든 여자, 모든 책, 모든 음악을 경험해보고 싶고, 모든 생각을 시도해보고 싶은….

청소년기는 뇌의 뉴런 네트워크가 급격하게 재구성되는 시기죠. 모든 것이 강렬하게 느껴지고, 모든 것에 마음이 끌리고, 모든 것이 뒤죽박죽입니다. 나는 완전히 혼란스럽고, 의문투성이였습니다. 사물의 본질을 이해하고 싶었습니다. 우리의 정신이 이 자연을 어떻게 이해할 수 있는지 알고 싶었습니다. 실재란 무엇일까? 생각한다는 것은 어떤 것일까? 생각하는 이 나란 도대체 무엇일까?

청소년기 특유의 이러한 강렬하고 극단적인 호기심에 이끌려 나는 과학이라는 우리 시대의 '위대한 새로운 지식'이 어떤 가르침을 줄 수 있는지 알고자 했습니다. 실제로 답을 얻을 수 있을 거라 기대하지 않았고, 더구나 결정적인 해답은 기대하지도 않았지만, 지난 두 세기 동안 인류가 물질의 미세한 구조에 대해 이해해온 것들을 어떻게 무시할 수 있었겠어요?

ħ

고전 물리학 공부는 재미있었지만 좀 지루하기도 했습니다. 그래도 그 간결함만큼은 우아했습니다. 고등학교 때 외우게 했던 두서없는 공식들보다 훨씬 더 합리적이고 일관성이 있었죠. 공간과 시간에 대한 아인슈타인의 발견을 배울 때는 기쁨과 놀라움으로 가슴이 두근거릴 정도였습니다.

그러나 내 머릿속에 색색의 빛을 밝힌 것은 양자와

의 만남이었습니다. 눈부시게 빛나는 실재의 문제를 직접 건드리는 느낌, 실재에 관한 우리의 선입견에 의문을 던지고 있는 느낌….

나와 양자론의 만남은 꽤나 직접적이었습니다. 폴 디랙의 책과 일대일로 맞닥뜨렸거든요. 사정은 이랬습니다. 나는 볼로냐 대학에서 파노^{Fano} 교수의 '물리학을 위한 수학적 방법론'이라는 강의를 듣고 있었습니다. 말 그대로 '방법론' 수업이죠. 이 강좌에서는 각자 한 가지 주제를 탐구하고, 그 내용을 다른 수강생들에게 발표하도록 되어 있었습니다. 지금은 물리학을 전공하는 사람이라면 누구나 배우지만, 당시에는 아직 커리큘럼에 포함되지 않았던 '군론'이라는 분야를 선택했습니다. 나는 파노 교수에게 어떤 내용으로 발표하면 좋을지 물어보러 갔어요. 파노 교수는 '군론의 기초와 **양자론에 대한 그 응용**'을 발표하면 어떻겠느냐고 말했습니다. 나는 양자론에 관한 강의는 한 번도 들어본 적이 없다고, 그 이론에 대해서는 전혀 모른다고 조심스레 말했죠. 그러자 교수는 말했습니다. "그래? 그럼 공부하게."

농담이었죠.

하지만 저는 그게 농담인 줄 몰랐어요.

그래서 디랙의 책을 샀습니다. 보링기에리^{Boringhieri} 출판사에서 나온 회색 표지의 책이었는데, 좋은 냄새가 났죠(나는 책을 사기 전에 항상 냄새를 맡아봅니다. 책은 냄새가 중요하거든요). 나는 집에 틀어박혀 한 달 동안 그 책을 공부했습니다. 그리고 다른 책도 네 권 더 사서 그 책들도 공부했어요.[37]

내 인생 최고의 한 달이었습니다.

그 기간 동안 생긴 의문들이 평생 나를 따라다니게 되었습니다. 그 의문들을 해결하고 싶어 오랜 세월 동안 많은 책을 읽고, 많은 토론을 하고 고민한 끝에 **이** 책까지 쓰게 된 것이죠.

이제부터 양자 세계의 기묘함을 파고들어 보려 합니다. 먼저 그 기묘함을 단적으로 보여주는 구체적인 현상을 소개하겠습니다. 나는 그 현상을 직접 관찰할 기회가 있었습니다. 그것은 미묘하지만 중요한 점을 단적으로 보여주죠. 그리고 이 기묘함을 이해하기 위한 해석 중에 오늘날 가장 많이 논의되고 있는 몇 가지 견해를 소개하고자 합니다.

내가 가장 설득력 있다고 생각하는 견해-양자역학의 관계론적 해석-는 다음 장을 위해 남겨두겠습니다. 그 해석을 바로 알고 싶은 독자는, 이 장에서 소개하는 재미있지만 복잡한 우회로를 건너뛰고, 바로 다음 장으로 넘어가도 좋습니다.

hh

그렇다면 도대체 양자 현상에서 뭐가 그렇게 이상한 걸까요? 전자가 특정 궤도에 있다가 이리저리 도약한다고 세상이 끝나는 것도 아닌데….

양자의 기묘함은 '양자 중첩'이라고 불리는 현상에서 볼 수 있습니다. '양자 중첩'이란, 어떤 의미에서 서로 모순되는 두 가지 속성이 동시에 존재하는 것입니다. 예를 들어 한 대상이 여기에 있으면서 저기에도 동시에 있는 것처럼 말입니다. 하이젠베르크가 "전자는 더 이상 하나의 경로를 따라가지 않는다"라고 말한 것이 바로 그런 것이죠. 전자는 여기나 저기 중 어느 한 곳에만 있는 것이 아니라, 어떤 의미에서 둘 다에 있습니다. 전자는 한 위치에 있지 않습니다. 마치 한 번에 여러 위치에 있는 것 같아요. 전문용어로 말하자면, 한 대상이 여러 위치의 '중첩된 상태'에 있을 수 있다는 것입니다. 디랙은 이 기묘함을 '중첩 원리'라고 부르며 양자론의 개념적 기초로 삼았습니다.

한 대상이 두 곳에 있다는 것이 무엇을 의미하는 걸까요?

주의! 우리가 '양자 중첩'을 직접 **볼** 수 있다는 의미는 아닙니다. 우리는 한 전자가 두 곳에 있는 것을 결코 볼 수 없어요. '양자 중첩'은 직접 볼 수 있는 것이 아닙니다. 우리는 입자가 어떤 의미에서 한 번에 여러 곳에 존재할 때 나타나는 **중첩의 결과**만을 볼 수 있을 뿐이죠. 이러한 결과를 '양자 간섭'이라고 부릅니다. 우리가 관찰하는 것은 중첩이 아니라 간섭인 것이죠. 그럼 그게 무언지 보도록 합시다.

내가 처음으로 양자 간섭을 눈으로 관찰한 것은, 책에서 이 현상에 대해 배운 지 한참 후였습니다. 당시 나는 인스브루크 대학의 안톤 차일링거Anton Zeilinger의 실험실에 있었습니다. 그는 오스트리아 사람으로, 순한 곰 같은 외모에 수염이 많은 아주 친절한 분이었습니다. 차일링거는 양자에 관해 놀라운 연구 성과를 낸 훌륭한 실험 물리학자였습니다. 양자 컴퓨팅, 양자 암호, 양자 전송의 선구자였죠. 이제 그 실험실에서 내가 본 것을 소개하겠습니다. 내가 본 그 미묘한 현상에 물리학자들이 당혹스러워하는 이유가 응축되어 있기 때문입니다.

안톤이 보여준 책상 위에는 다양한 광학 장치들이 설치되어 있었습니다. 작은 레이저 장치와 렌즈, 레이저 광선을 분광한 뒤 다시 모으는 프리즘, 광자 검출기 같은 장치들이죠. 이 장치에서는 몇 개의 광자로 이루어진 약한 레이저 광선이 두 갈래로 나뉘어 각각 다른 경로를 따라갑니다. 한쪽을 '왼쪽', 다른 쪽을 '오른쪽' 경로라고 부르도록 하죠. 그런 다음 두 경로는 다시 합쳐졌다가, 다시 한번 갈라져 두 개의 검출기에 도달합니다. 한쪽 검출기를 '위쪽', 다른 쪽을 '아래쪽' 검출기라고 부르겠습니다.

• 광자로 이루어진 광선이 프리즘에 의해 두 개로 나뉘었다가 다시 하나가 되고, 다시 두 개로 나뉜다.

이때 나는 다음과 같은 현상을 목격했습니다. 두 경로(왼쪽과 오른쪽)를 모두 열어두면 **모든 광자가 아래쪽 검출기에 도달**하고 위쪽 검출기에는 전혀 도달하지 않습니다(66페이지 왼쪽 그림 참조). 그러나 두 개의 경로 중 하나(왼쪽 또는 오른쪽)를 막으면 광자의 절반은 아래쪽 검출기에 도달하고 나머지 절반은 위쪽 검출기에 도달합니다(66페이지 오른쪽 두 그림 참조). 어떻게 이런 일이 일어날 수 있는지 여러분도 한번 생각해보시기 바랍니다.

뭔가 이상한 일이 일어나고 있어요. **한쪽** 경로만 열려 있을 때 절반의 광자가 위쪽 검출기에 도달한다면, **양쪽** 경로가 모두 열려 있을 때도 역시 절반의 광자가 위쪽 검출기에 도달할 것이라고 예상하는 것이 당연할 것 같거든요. 그런데 그렇지가 않단 말이죠. 위쪽 검출

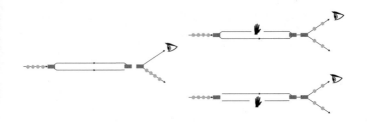

• 양자 간섭. 두 경로를 모두 열어두면 모든 광자가 아래쪽 검출기에 도달한다(왼쪽 그림). 두 경로 중 하나를 손으로 막으면 광자의 절반이 위쪽 검출기에 도달한다(오른쪽 그림). 도대체 왜 한쪽 경로에 손을 대면 다른 쪽 경로를 따라가던 광자가 위쪽 검출기에 도달하는 것일까? 아무도 모른다.

기에는 광자가 하나도 도달하지 않는 겁니다.

한쪽 경로를 막은 내 손이 어떻게 **다른 경로를 따라가던** 광자에게 위쪽 검출기로 가라고 말할 수 있는 걸까요?

두 경로가 **모두** 열려 있을 때 위쪽 검출기에 광자가 하나도 도달하지 않게 되는 이 현상은 양자 간섭의 한 예입니다. 오른쪽과 왼쪽, 두 경로 사이에 '간섭'이 일어나고 있는 것이죠. 두 경로가 모두 열려 있으면, 광자가 왼쪽 경로나 오른쪽 경로로만 통과할 때는 일어나지 않는 일이 일어나, 위쪽 검출기로 향하는 광자가 사라집니다.

슈뢰딩거의 이론에 따르면, 각 광자의 파동 ψ는 두 부분, 두 개의 파동으로 나뉩니다. 그중 하나는 왼쪽 경로를, 다른 하나는 오른쪽 경로를 따라가고, 이 둘이 다시 만나면 파동 ψ가 재구성돼 아래쪽 검출기로 가는 경로를 따라갑니다. 그런데 한쪽 경로를 손으로 막으면 파동 ψ가 이전과 같이 재구성되지 않고, 다른 방식으로 행동합니다. 둘로 나뉘어 한 부분이 위쪽 검출기로 향하는 것이죠.

파동이 이런 식으로 행동하는 것이 이상한 일은 아닙니다. 파동의 간섭은 이미 잘 알려진 현상이죠. 빛의 파동이나 바다의 파도도 간섭을 일으킵니다.

우리는 이 파동 ψ를 관측하지 못합니다. 우리는 **각각** 왼쪽이나 오른쪽 중 **한쪽 경로만을 통과하는** 개별 광자만 관측하는 것입니다. 경로를 따라 광자 검출기를 설치해도 실제로 '반쪽 광자'는 감지되지 않습니다. 하나하나의 광자가 (통째로) 왼쪽 경로를 따라가거나 (통째로) 오른쪽 경로를 따라가는 것을 보여줄 뿐이죠. 마치 각 광자는 파동처럼 두 경로를 모두 통과하는 것처럼 행동하지만(그렇지 않으면 간섭이 일어나지 않을 테니), 광자가 어디에 있는지를 관측하면, 항상 어느 한쪽 경로에서만 볼 수 있는 겁니다.

'양자 중첩'은 하나의 광자가 '왼쪽과 오른쪽 둘 다'를 지나가는 것이죠. 왼쪽을 통과하는 상황과 오른쪽을 통과하는 상황, 이 두 상황이 양자적으로 중첩된 것입니다. 그리고 그 결과, 광자는 더 이상 위쪽 검출기로 가지 않게 됩니다. 두 개의 경로 중 하나만 통과할 때는 위쪽으로도 가고 있었는데 말이죠.

이뿐만이 아닙니다. 더 놀라운 일이 벌어집니다. 광자가 두 경로 중 어느 쪽을 따라가는지 내가 **관측**하면… 간섭이 사라지는 것입니다!

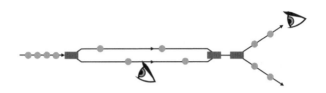

• 광자가 가는 경로를 관측하는 것만으로도 간섭이 사라진다! 광자가 지나가는 곳을 관측하면 다시 절반의 광자가 위쪽의 검출기로 향하는 것이다.

관찰하는 것만으로도 일어날 일을 바꿀 수 있다니! 말도 안 되죠. 보지 **않을** 때는 광자가 항상 아래쪽 검출기로 향하는데, 어느 경로로 가는지 관찰하면 광자가 위쪽의 검출기에 도달할 수가 있다네요.

더구나 놀라운 것은 **심지어 내가 실제로 광자를 보지 않아도** 광자가 위쪽 검출기에 도달할 수 있다는 겁니다. 그러니까 광자가 지나가지 않은 쪽의 '출구에서 내가 기다리고 있다'는 것만으로 광자가 경로를 바꾸는 겁니다. 내가 보지도 않았는데!

양자역학 교과서에는 하나의 광자가 어느 경로를 지나가는지 **관찰**하면 그 ψ 파동은 통째로 한쪽 경로로 도약한다고 쓰여 있습니다. 지금 광자가 오른쪽 경로를 지나가는지 관찰한다고 할 때, 광자가 보였다면 ψ 파동은 통째로 오른쪽으로 도약합니다. 그런데 관찰했을 때 광자가 보이지 **않으면**, ψ 파동은 왼쪽으로 통째로 도약합니다. 어느 쪽이든 더 이상 간섭은 발생하지 않습니다. 전문용어를 쓰자면, 우리가 관찰하는 순간 파동함수는 '붕괴'합니다. 도약하여 한 지점으로 수렴하는 것이죠.

'양자 중첩'이란, 말하자면 하나의 광자가 '두 경로에 모두' 존재하는 것입니다. 그런데 내가 광자를 보면, 도약하여 한쪽 경로에만 존재하고 간섭이 사라지죠.

정말 믿기 어려운 일입니다.

그런데도 실제로 이런 일이 일어납니다. 나도 직접 내 눈으로 보았습니다. 대학에서 이런 현상에 대해 수없이 배웠는데도, 직접 보니 몹시 혼란스러웠죠. 부디 여러분도 광자의 이런 행동에 대한 합리적인 설명을 생각해보았으면 합니다. 100년 동안 우리 모두가 설명하려고 노력해왔습니다. 이런 일이 완전히 당혹스럽고, 도무지 이해가 되지 않는다 해도 여러분만 그런 것은 아니에요. 그래서 파인만은 아무도 양자역학을 이해하지 못한다고 말했던 것입니다. 반면 혹시 지금까지 내가 설명한 모든 것이 명확해 보인다면, 그것은 오히려 내가 얘기를 명확하게 하지 못했다는 것을 의미합니다. 닐스 보어가 말했듯이, "생각할 수 있는 것보다 더 명확하게 표현하지 말아야" 하는데 말이죠.[39]

ħħ

에르빈 슈뢰딩거는 이 수수께끼를 설명하기 위해 유명한 사고실험을 생각해냈습니다.[39] 좌우의 두 경로를 동시에 따라가는 광자 대신에, 깨어 있으면서 동시에 잠들어 있는 고양이를 상상한 것입니다.

이야기는 이렇습니다. 고양이 한 마리가 상자에 갇혀 있습니다. 그 상자 안에는 2분의 1의 확률로 양자 현상이 일어나는 장치가 들어 있어요. 만약 양자 현상이 일어나면 그 장치에 있는 수면제 병의 뚜껑이 열리면서 고양이는 잠이 듭니다.* 양자론에 따르면 이때 고양이의 파동 ψ는 '깨어 있는 고양이'와 '잠든 고양이'의 '양자적 중첩' 상태에 있으며, 우리가 실제로 고양이를 볼 때까지 그 상태가 지속됩니다.

따라서 고양이는 '깨어 있는 고양이'와 '잠든 고양이'의 '양자적 중첩' 상태에 있는 것입니다.

이는 고양이가 깨어 있는지 자고 있는지 **우리가 모**

---

* 원래의 사고실험에서는 병에 수면 가스가 아닌 독이 들어 있어서 고양이는 잠자는 것이 아니라 죽는다. 하지만 나는 고양이의 생사를 가지고 놀고 싶지 않다.

른다고 말하는 것과는 다릅니다. 그 이유는 다음과 같습니다. '깨어 있는 고양이'와 '잠든 고양이' 사이의 간섭은 차일링거 실험실의 두 경로를 따라가는 광자 사이의 간섭과 마찬가지로 고양이가 깨어 있거나 잠들어 있을 때는 일어날 수 없습니다. 차일링거의 실험에서 광자가 '양쪽 경로를 모두 통과'할 때만 간섭이 발생했듯이, 고양이가 '깨어 있는 고양이'와 '잠든 고양이' 둘 다일 때, 즉 '양자적 중첩' 상태에 있을 때만 간섭이 일어나는 것입니다.

고양이처럼 큰 시스템에서는 이론이 예측한 간섭을 관찰하기가 어렵습니다.[40] 하지만 그렇다고 해서 간섭이 실제로 존재한다는 것을 의심할 만한 근거도 없죠. 고양이는 깨어 있지도, 자고 있지도 않습니다. '깨어 있는 고양이'와 '잠든 고양이'의 양자적 중첩 상태에 있는 것인데….

그런데 이게 도대체 무슨 의미일까요?

'깨어 있는 고양이'와 '잠든 고양이'의 양자적 중첩 상태에 있는 고양이는 도대체 어떤 느낌일까요? 만약 독자 여러분이 '깨어 있는 자신'과 '잠든 자신'의 양자적 중첩 상태에 있다면 어떤 느낌이 들까요? 여기에 양자의 수수께끼가 있습니다.

다세계, 숨은 변수, 물리적 붕괴

물리학 학회 후의 식사 모임에서 열띤 토론을 일으키고 싶다면, 옆 사람에게 아주 가볍게 "그런데 슈뢰딩거의 고양이가 정말로 깨어 있으면서 잠들어 있는 걸까요? 어떻게 생각하세요?"라고 물어보면 됩니다.

양자론이 탄생한 직후인 1930년대에는 양자의 미스터리를 둘러싸고 활발한 논쟁이 벌어졌습니다. 그 유명한 아인슈타인과 보어의 논쟁은 수년 동안 만남, 학회, 저술, 편지 등을 통해 이어졌습니다. 아인슈타인은 현상에 대한 보다 실재적인 그림을 포기하는 것에 반대했습니다. 반면 보어는 양자론의 개념적인 새로움을 옹호했죠.[41]

1950년대에는 대체로 이 문제를 무시하는 분위기였습니다. 이 이론의 힘이 너무 엄청났기 때문에 물리학자들은 질문을 많이 던지지 않고 가능한 한 많은 분야에 이 이론을 적용하려 했던 것입니다. 하지만 질문하지 않으면 아무것도 배울 수 없는 법이죠.

1960년대에 접어들면서 개념을 둘러싼 질문에 대한

관심이 다시금 높아졌는데, 재미있게도 여기에는 히피 문화가 한몫을 했습니다. 양자의 기묘함에 매료되었던 것이죠.[42]

오늘날은 물리학뿐만 아니라 철학에서도 종종 양자론에 대한 논의가 이루어지고 있지만, 의견들은 제각각입니다. 새로운 아이디어가 나오고, 미묘한 질문들이 명확해집니다. 버려지는 아이디어가 있는가 하면 살아남는 아이디어도 있죠. 다양한 비판을 견뎌낸 발상은 양자를 이해할 수 있는 길을 제시하지만, 어떤 발상이든 개념적 측면에서는 큰 대가를 치르게 됩니다. 즉, 몹시 기이한 것을 받아들일 수밖에 없게 되는 것이죠. 양자론을 둘러싼 다양한 견해의 비용과 이익의 최종 손익계산서가 어떻게 될지는 아직은 명확히 밝혀지지 않았습니다.

그래도 아이디어는 진화합니다. 저는 결국 합의에 도달할 것이라고 생각합니다. 처음에는 도저히 결론이 나지 않을 것 같았던 위대한 과학 논쟁들이 그랬듯이 말이죠. 지구는 멈춰있는가 움직이고 있는가? (움직이고 있다.) 열은 유체인가 아니면 분자의 빠른 움직임인가? (분자의 움직임이다.) 원자는 정말 존재하는가? (그렇다.) 세상은 그저 '에너지'일 뿐인가? (그렇지 않다.) 우리는 유인원과 공통 조상을 가지고 있는가? (그렇다.) 등등… 이 책은 지금도 진행 중인 대화의 한 단락입니다. 그래서 여기서는 그 논의가 현재 어디까지 진행되었고, 어느 방향으로 나아가고 있는지 살펴보고자 합니다.

다음 장에서는 내가 가장 설득력이 있다고 생각하는 관점을 소개할 텐데, 그 전에 먼저 가장 많이 논의되고 있는 몇 가지 다른 발상을 간단히 소개해보겠습니다. 이를 '양자역학의 해석'이라 부르는데, 이 발상들은 모두 어떤 식으로든 매우 급진적인 아이디어를 받아들이도록 요구합니다. 다중 우주, 보이지 않는 변수, 한 번도 관찰된 적 없는 현상 등과 같은 기이한 것들을 받아들이도록 요구하는 것입니다. 이것은 누구의 잘못도 아닙니다. 이 이론이 근본적으로 이상하기 때문에 우리도 극단적인 해결책에 의존할 수밖에 없는 것이죠.

따라서 이 장의 나머지 부분은 추측으로 가득합니다. 지루하다면 이대로 건너뛰어, 관계적 관점을 소개하는 다음 장으로 넘어가도 좋아요. 하지만 현재 어떤 논쟁이 벌어지고 있고, 어떤 기묘한 주장들이 제기되고 있는지를 두루 살펴보고 싶은 독자라면 계속 읽어나가도 분명 재미있을 겁니다.

자, 얘기를 시작해보겠습니다.

다多세계

현재 일부 철학자 그룹과 이론 물리학자 및 우주론 학자들 사이에서 유행하고 있는 것이 '다세계 해석'입니다. 이 해석에서는 슈뢰딩거의 이론을 진지하게 받아들입니다. 즉, 파동 ψ를 확률로 해석하지 **않고**, 실제 세계의 모습을 있는 그대로 기술한다고 보는 것이죠. 그런데 이렇게 되면 막스 보른이 노벨상을 받을 자격이 없다고 말하는 셈이 됩니다. 보른은 ψ가 확률의 평가 방법일 **뿐**이라고 이해한 공로로 노벨상을 받았으니까요.

만일 다세계 해석이 맞다면 슈뢰딩거의 고양이는 실제로 완전히 실재하는 ψ 파동으로 기술됩니다. 따라서 슈뢰딩거 고양이는 **실제로** (구체적으로 존재하는) '깨어 있는 고양이'와 '잠든 고양이'의 중첩 상태에 있는 것이 되죠. 그렇다면 왜 상자를 열었을 때 보이는 것은 자고 있는 고양이나 깨어 있는 고양이 중 하나이지, 둘 다인 고양이가 아닌 것일까요?

자, 잘 들어보세요! 다세계 해석에 따르면, 그 이유는 나, 카를로 로벨리 역시도 나의 ψ 파동으로 기술되기 때문입니다. 내가 고양이를 관찰할 때 나의 ψ 파동은 고양이의 ψ 파동과 상호작용을 합니다. 그러면서 나의 ψ 파동이 두 부분으로 나뉘는데, 하나는 깨어 있는 고양이를 보고 있는 나이고 다른 하나는 잠든 고양이를 보고 있는 나입니다. 이런 관점에서 보면 둘 다 실재하는 것이죠.

따라서 전체 ψ는 두 부분, 즉 두 '세계'를 갖게 됩니다. 고양이가 깨어 있고 카를로가 깨어 있는 고양이를 보고 있는 세계와, 고양이가 자고 있고 카를로가 자고 있는 고양이를 보고 있는 세계로 나뉜 것입니다. 그래서 이제 각 세계에 한 명씩, 두 명의 카를로가 존재하게 되죠.

그렇다면 왜 **나**한테는 깨어 있는 고양이만 보이는 걸까요? 그 답은 **내가 두 카를로 중 한 사람일 뿐이기** 때문이라는 겁니다. 똑같이 실재하고 똑같이 구체적인 또 다른 평행세계에서는 나의 복사본이 잠자는 고양이를 보고 있습니다. 그래서 고양이는 깨어 있으면서도 잠들어 있을 수 있지만, 나 자신은 어느 한쪽밖에 볼 수 없습니다. 내가 고양이를 본다면 나 자신도 두 사람이 되기 때문이죠.

카를로의 ψ는 고양이 외에도 무수히 많은 시스템과 끊임없이 상호작용을 하고 있기 때문에, 무수히 많은 평행세계가 존재한다는 결론이 나옵니다. 이 세계들은 모두 똑같이 존재하고 똑같이 실재하며, 그 세계에는 나의 복사본이 무수히 존재하여 온갖 다른 현실을 경험하고 있죠. 이것이 다세계 이론입니다.

미친 소리 같다고요? 네, 맞습니다.

그럼에도 불구하고 이것이 양자론을 이해하는 최선의 방법이라고 믿는 저명한 물리학자나 철학자들이 있는 것도 사실입니다.[43] 그렇다고 그들이 미친 사람은 아니에요. 미친 것은 한 세기 동안 실제로 잘 작동해온 이 놀라운 이론 자체죠.

근데 양자론의 안개에서 빠져나오기 위해, 정말 우리 자신의 무수히 많은 복사본이 실제로 존재한다고 믿어야 하는 걸까요? 우리가 관찰할 수 없는 자신의 무수한 복사본들이 거대한 우주적 ψ 안에 숨어 있다고요?

내가 보기에 이 발상에는 또 다른 문제가 있습니다. 모든 세계를 포함하는 거대한 우주적 ψ 파동이란, 마치 헤겔이 말한 모든 소가 검게 보이는 검은 밤과 같다는 겁니다. 그 자체로는 우리가 실제로 관찰하는 현실의 현상에 대해 아무것도 말해주지 않는 것이죠.[44] 우리에게 관찰되는 현상을 설명하기 위해서는 ψ 외에 다른 수학적 요소가 필요한데, 다중 세계 해석에는 이에 대한 명확한 설명이 없거든요.

숨은 변수

이 세계와 우리 자신의 복사본이 무한히 증식하는 것을 피하기 위한 한 가지 방법이 있습니다. 그것은 바로 '숨은 변수'라는 이론을 사용하는 것입니다. 그중에서도 가장 뛰어난 이론은 물질파라는 개념을 창안한 루이 드 브로이가 고안하고 데이비드 봄David Bohm이 발전시킨 이론입니다.

데이비드 봄은 미국의 과학자였으면서도 철의 장막 너머의 공산주의를 신봉했다는 이유로 힘든 삶을 살아야 했습니다. 그는 매카시즘이 기승을 부리던 시절에 취조를 받았으며 1949년에는 체포되어 잠시 수감되기도 했습니다. 결국 무죄 판결을 받기는 했지만, 세상의 이목을 의식한 프린스턴 대학은 봄을 해고했습니다. 그는 남미로 이주할 수밖에 없었지만, 미국 대사관은 봄이 소련으로 넘어갈 것을 우려하여 여권을 취소시키는데….

봄의 이론은 간단합니다. 다세계 해석과 마찬가지로 전자의 ψ 파동이 실체가 있다고 가정합니다. 다만 ψ 파동뿐만 아니라 실제 전자 **또한** 존재합니다. 즉, **항상** 확고한 위치를 갖는 실제 물질 입자가 존재한다는 것이죠. 그 덕분에 이론과 우리가 관찰하는 현상을 연결하는 문제가 해결됩니다. 고전역학에서와 같이 위치는 하나뿐입니다. 따라서 '양자 중첩'은 없습니다.

ψ 파동은 슈뢰딩거의 방정식에 따라 진화하는 한편, 실제 전자는 ψ 파동에 이끌려 물리공간을 돌아다닙니다. 봄은 ψ 파동이 전자를 구체적으로 어떻게 이끌 수 있는지를 보여주는 방정식을 생각해냈습니다.[45]

멋진 발상이에요. 물체를 이끄는 ψ 파동에 의해 간섭

이라는 현상이 발생하지만, 물체 자체는 양자 중첩 상태에 있지 않다는 것이죠. 물체는 항상 정확한 위치에 있습니다. 고양이는 깨어 있거나 자거나 둘 중 하나입니다. 그러나 고양이의 ψ는 두 부분으로 이루어져 있습니다. 그 하나는 실제 고양이의 파동이고, 다른 하나는 실제 고양이가 없는 '빈' 파동이지만, 빈 파동도 간섭을 일으킬 수 있어서 실제 고양이의 파동과 간섭하는 것입니다.

그래서 우리에게는 깨어 있는 고양이나 잠든 고양이 중 하나만 보이는데도 간섭 효과가 있는 것은 이 때문입니다. 고양이는 오직 한 상태에 있지만, 다른 상태 속에는 간섭을 일으키는 파동의 일부가 존재하는 것이죠.

이렇게 생각하면 앞서 소개한 차일링거의 실험 결과도 제대로 설명이 됩니다. '왜 두 경로 중 **하나**를 손으로 막으면 **다른 쪽** 경로를 따라가는 광자의 움직임에

영향을 미치게 될까?' '광자 자체는 한쪽 경로만 따라가지만 그 파동은 두 경로를 모두 통과하고 있기 때문이다.' 이렇게요. 내 손이 파동을 변화시켜 광자가 내 손이 없을 때와는 다르게 행동한 것이죠. 그래서 광자 자체는 내 손에서 멀리 떨어진 곳을 지나갔는데도, 내 손에 의해 광자의 이후 행동이 달라진 겁니다. 멋진 설명이에요.

숨은 변수 해석을 통해 양자역학은 다시 고전역학과 같은 논리적 영역으로 되돌아옵니다. 즉, 모든 것이 결정론적이고 예측 가능해집니다. 전자의 위치와 파동값만 알면 모든 것을 예측할 수 있는 것이죠.

하지만 일은 그렇게 간단하지 않습니다. 사실 우리는 파동의 진짜 상태를 결코 알 수 **없습니다**. 왜냐하면 파동은 볼 수가 없기 때문입니다. 우리에게 보이는 것은 전자뿐이죠.[46] 따라서 전자의 행동은 변수(파동)에 의해 결정되지만, 그 변수는 우리에게 '숨겨져' 있습니다. 그 변수는 원칙적으로 숨겨져 있고, **결코** 찾아낼 수 없습니다. 그래서 이 해석을 '숨은 변수 이론'이라고 부르는 것이죠.[47]

그러나 이 이론에는 대가가 따릅니다. 이 해석을 진지하게 받아들인다면, 우리가 원칙적으로 접근할 수 없는 물리적 실재가 존재한다고 가정할 수밖에 없게 됩니다. 결국 이 이론은 양자론이 말해주지 **않는** 것에 대해 우리에게 위안을 줄 뿐입니다. 불확실성에 대한 두려움도 피하겠다는 목적만으로, 양자론이 이미 예견하지 못한 관찰할 수 없는 세계의 존재를 가정할 가치가 있을까요?

이 해석에는 또 다른 난점이 있습니다. 일부 철학자들은 개념적으로 명확한 틀을 제공한다는 이유로 봄의 이론을 선호합니다. 그러나 물리학자들의 반응은 좋지 않습니다. 왜냐하면 단일 입자보다 더 복잡한 대상에 적용하려고 하자마자 문제가 산더미처럼 쌓이기 때문입니다. 예를 들어 여러 입자의 ψ 파동은 단일 입자들의 파동을 더한 것이 아닙니다. 그 파동은 물리적 공간 속을 움직이는 파동이 아니라 추상적인 수학적 공간[48]에 있는 파동인 것이죠. 그래서 단일 입자의 경우에 봄의 이론이 보여준 직관적이고 선명한 실재의 이미지는 그만 사라져버리고 맙니다.

하지만 정말 심각한 문제는 상대성을 고려했을 때 발생합니다. 이 이론의 숨은 변수는 상대성을 마구 위반합니다. 즉, 특권적인 (관찰 불가능한) 기준계를 결정해버리는 것이죠. 고전역학에서처럼 세계가 항상 결정적인 변수로 이루어져 있다고 생각하는 바람에, 이 변수가 영원히 숨겨져 있다는 것을 받아들여야 할 뿐만 아니라, 바로 그 고전역학을 통해 우리가 세계에 대해 알게 된 모든 것들과 모순된다는 것까지도 받아들여야 하는 것입니다. 정말 그런 대가를 치를 만한 가치가 있을까요?

물리적 붕괴

'다세계'나 '숨은 변수'를 받아들이지 않고서, 파동 ψ 가 실재하는 파동이라고 생각하는 또 다른 방법이 있습니다. 양자역학의 예측은 모든 것을 더 일관성 있게 만들 수 있는 무언가를 간과한 **근사치**라고 생각하는 것입니다.

우리의 관찰과는 무관한 어떤 물리적 과정이 실제로 존재할 수 있는데, 이는 때때로 **자발적으로** 발생하여 파동이 분산되는 것을 막는다는 겁니다. 아직까지 직접 관찰된 적이 없는 이 가상의 메커니즘은 파동함수의 '물리적 붕괴'라고 불립니다. '파동함수의 붕괴'는 우리가 관찰하기 때문에 일어나는 것이 아니라 어디까지나 자발적으로 일어나는 것이며, 게다가 대상이 거시적일수록 더 빠르게 일어납니다.

고양이의 경우, ψ는 스스로 게다가 매우 빠르게 두 가지 상태 중 하나로 도약합니다. 그래서 고양이는 매우 빠르게 깨어 있거나 잠들어 있는 상태에 있게 됩니다. 즉, 고양이와 같은 거시적인 물체에는 일반적인 양자역학이 적용되지 않는다는 가정인 것이죠.[49] 이 때문에 이런 종류의 이론은 일반적인 양자론과는 다른 예측을 제공합니다.

　전 세계 여러 연구실에서 이러한 예측을 검증하여 누가 옳은지 확인하기 위해 노력을 기울여왔고 지금도 계속하고 있습니다. 현재로는 양자론이 항상 옳은 것으로 드러나고 있습니다. 이 책의 저자를 포함한 대부분의 물리학자들은 양자론이 당분간 계속 옳을 것이라는 쪽에 내기를 걸고 있죠.

불확정성을 받아들이다

앞에서 소개한 양자역학의 해석들은 ψ를 실재하는 대상으로 간주함으로써 불확정성을 피하려고 했습니다.[50] 그 대가로 다세계와 숨은 변수 그리고 결코 관찰할 수 없는 과정 등을 세계의 실재 이미지에 추가하게 되었죠.

하지만 사실 이 파동함수 ψ를 그렇게 심각하게 받아들일 이유는 없습니다.

ψ는 실재하는 존재가 아니라 계산 도구일 뿐입니다. 일기예보나 회사의 손익 예측이나 경마 예상과 같은 것이죠.[51] 이 세계의 실제적인 사건들은 확률적으로 발생하며, ψ라는 양은 그 사건들이 일어날 확률을 계산하는 방식인 겁니다.

파동 ψ를 그다지 심각하게 받아들이지 않는 해석을 '인식론적' 해석이라고 부릅니다. 이 인식론적 해석에서는 ψ이 세상에서 일어나는 일에 대한 우리의 지식 ἐπιστήμη(에피스테메)의 요약에 불과하다고 봅니다.

이러한 사고방식의 한 예로 '큐비즘^{QBism}'을 들 수 있습니다. 큐비즘은 양자론을 있는 그대로 받아들이지, 세계를 '완성'하려고 하지 않습니다.

큐비즘이라는 이름은 양자 컴퓨터에서 사용되는 정보 단위인 '큐비트qubit'에서 따왔습니다.*

큐비즘의 핵심 발상은, ψ는 **우리**가 세상에 대해 가지는 '정보'일 뿐이라는 것입니다. 물리학은 세계를 기술하지 않습니다. 물리학은 세계에 대해 우리가 아는 것을 기술합니다. 우리가 세계에 관해서 갖는 정보를 기술하는 것이죠.

정보는 우리가 관찰할 때 증가합니다. 그래서 ψ는 우리가 관찰할 때 변하는데, 이는 외부 세계에서 어떤 일이 일어나기 때문이 아니라, 그에 관한 우리의 정보가 변하기 때문입니다. 우리가 기압계를 볼 때 날씨에 대한 예측이 달라지는 것도, 기압계를 보는 순간 하늘이 바뀌기 때문이 아니라, 그전에는 몰랐던 것을 우리가 갑자기 알게 되기 때문인 것이죠.

이 큐비즘은 양자론이 무르익던 시기에 유럽에서 형성된 브라크Georges Braque와 피카소Pablo Picasso의 입체파 '큐비즘Cubism'과 통하는 울림이 있습니다. 양자론과 입체파 모두 세계를 회화적인 방식으로 표현할 수 있다는 생

---

* 'QBism'이라는 명칭은 보통 양자 베이즈주의Quantum Bayesianism의 앞 글자를 따서 만든 것으로 받아들여지고 있으나, 로벨리는 이후에 이어지는 '정보'와의 관련성을 염두에 두고 그 연원을 말하고 있다.

각에서 벗어납니다. 입체파 그림은 다른 시점에서 포착된 사물이나 사람의 상충하는 이미지들이 자주 중첩하죠. 마찬가지로 양자론은 동일한 물리적 대상의 서로 다른 속성들의 측정이 상충할 수 있다는 것을 받아들입니다(조금 뒤에 더 자세히 설명하겠습니다).

20세기 초반, 유럽 문화 전체는 더 이상 이 세계를 단순하고 완전한 방식으로 나타낼 수 있다고 생각하지 않습니다. 양자역학이 탄생하던 1909년에서 1925년 사이에 이탈리아에서는 루이지 피란델로Luigi Pirandello가 《아무도 아닌, 동시에 십만 명인 어떤 사람Uno, nessuno e centomila》이라는 작품을 썼습니다. 다양한 관찰자의 시점에서 바라본 실재의 파편화에 대한 이야기였죠.

큐비즘은 우리가 보거나 측정할 수 있는 것 너머, 세계의 실제 모습을 그리려는 일을 포기합니다. 이 이론은 우리에게 보이는 것에 대해서만 이야기합니다. 우

리가 보고 있지 않을 때 고양이나 광자가 어떠한지에 대해 이야기하는 것은 허용되지 않는 것이죠.

큐비즘의 약점은 과학을 철저히 도구로 생각한다는 점입니다. 우리가 볼 수 있는 것에 대한 예측을 제공하는 것만이 이론의 일이라고 생각하죠. 하지만 내가 보기에 과학의 목표는 단순히 예측하는 것만이 아닙니다. 세계의 실재에 대한 그림, 사물을 생각하는 개념적 틀을 제공하는 것도 과학의 일이죠. 그런 야망이 있었기에 과학적 사고가 이토록 효과적일 수 있었던 것입니다. 예측하는 것만이 과학의 목적이었다면, 코페르니쿠스Nicolaus Copernicus는 프톨레마이오스Ptolemaeus에 비해 새로운 것을 발견하지 못했을 겁니다. 천문학에 관한 그의 예측은 프톨레마이오스의 예측보다 나을 것이 없었으니까요. 하지만 코페르니쿠스는 모든 것을 다시 생각하고 더 잘 이해할 수 있는 열쇠를 발견했던 것입니다.

큐비즘의 또 다른 약점이 있습니다. 이 책의 핵심이기도 한 부분인데요. 세계의 실재를 앎의 주체, 즉 자연 바깥에 서 있는 것처럼 보이는, 인식하는 나에게 묶어 둔다는 것입니다. 관찰자를 세계의 일부로 보는 것이 아니라, 관찰자 안에 비친 세계를 보는 것이죠. 그렇게 함으로써 소박한 유물론에서 벗어났지만, 결국 과도한 관념론에 빠지게 됩니다.[52] 중요한 것은 관찰자 자신도 관찰될 수 있다는 사실입니다. 모든 관찰자 또한 양자론으로 기술된다는 사실을 의심할 이유가 전혀 없는 것이죠.

내가 관찰자를 관찰하면 그 관찰자가 보지 못하는 것도 볼 수 있습니다. 이로부터 합리적인 추론을 해보면, 관찰자인 나도 보지 못하는 것들이 있을 것입니다. 따라서 내가 관찰할 수 있는 것보다 더 많은 것들이 존재합니다. 내가 원하는 물리 이론은, 우주의 구조를 설명하고 우주 내부의 관찰자라는 사실이 무엇인지를 명확히 설명하는 이론이지, 관찰하는 나에게 우주가 의존하는 이론이 아닙니다.

hh

결국 이 장에서 간략하게 소개한 양자론의 해석들은 모두 슈뢰딩거와 하이젠베르크의 논쟁을 그저 반복하는 것일 뿐입니다. 즉, 세계의 불확정성과 확률을 어떻게든 피하려고 하는 '파동역학적인 해석'과, '관찰자'의 존재에 너무 의존하는 것처럼 보이는 '청년 물리학'의 급진적 도약 사이의 논쟁을 재연하고 있는 것이죠. 이 장에서 여러 가지 흥미로운 발상을 보았지만, 진정한 의미의 진전은 없었습니다.

정보를 알고 그것을 보유하고 있는 주체는 도대체 누구인가? 그 주체가 가지고 있는 정보란 무엇인가?

관찰하는 주체란 무엇인가? 그 주체는 자연의 법칙을 벗어난 존재인가, 아니면 역시 자연법칙에 의해 기술되는 존재인가? 만약 그것이 자연의 일부라면 왜 그것을 특별하게 취급하는가?

하이젠베르크가 제기한 질문을 재구성한 것이기도 한 이 질문, 즉 '관찰이란 무엇인가?', '관찰자란 무엇인가?'라는 질문은 마침내 우리를 '관계'라는 개념으로 인도합니다.

III

너에게는 실재하지만
나에게는 그렇지 않은 것이
있을 수 있을까?

드디어 '관계'에 대한 이야기가 시작된다.

세상이 단순해 보였던 때가 있다

단테가 《신곡La commedia di dante alighieri》을 썼을 당시 유럽 사람들은 세상이 천상의 위계질서를 비추는 흐릿한 거울이라고 생각했습니다. 위대한 신과 천사들이 하늘을 가로질러 행성들을 이끌고 미천한 인간들의 삶과 사랑, 두려움에 관여합니다. 그리고 우리 인간은 우주 한가운데에서 숭배와 반항, 회개 사이를 방황하고 있습니다.

그러다 우리는 생각을 바꾸었습니다. 그 후 몇 세기 동안 우리는 실재하는 세계의 여러 측면을 이해하고, 그 속에 숨은 원리들을 발견하며 목표를 이루기 위한 전략을 찾아냈습니다. 과학적 사고를 통해 복잡한 지식의 전당이 만들어집니다. 물리학은 앞장서서 지식들을 통합하는 역할을 했고, 세계의 실재에 대한 선명한 이미지를 제공했습니다. 세계는 입자들이 여러 힘에 의해 밀고 당기며 날아다니고 있는 광활한 '공간'이라는 이미지를요.

여기에 패러데이Michael Faraday와 맥스웰James Clerk Maxwell은

전자기 '장'을 추가했습니다. 장은 공간에 퍼져 있는 실체로, 멀리 떨어져 있는 물체들은 이 '장'을 통해 서로 힘을 주고받습니다. 아인슈타인은 중력조차도 시공간의 기하학적 구조인 '장'에 의해 전달된다는 것을 보여주면서 그림을 완성했습니다. 참으로 명확하고 아름다운 종합이죠.

세상은 수많은 층으로 이루어져 있습니다. 눈 덮인 산과 숲, 친구의 눈길, 희뿌연 겨울 아침 지하철의 굉음, 우리의 불안한 갈망, 노트북 자판 위에서 춤추는 손가락, 빵의 맛, 세상의 아픔, 밤하늘, 무수한 별, 해질녘 군청색 하늘에 홀로 반짝이는 금성… 이 만화경 같은 바탕에 있는 구조와 무질서한 현상의 베일 뒤에 숨은 질서를 마침내 발견했다고 우리는 생각했습니다. 그때는 이 세상이 단순해 보였습니다.

그러나 필멸의 생명체인 우리가 품은 커다란 희망은 짧은 꿈에 불과했습니다. 고전 물리학의 개념적 명료함은 양자에 의해 사라졌습니다. 세상은 고전 물리학이 설명하던 그런 게 **아니**었던 겁니다.

우리는 뉴턴의 성공이 가져온 환상에 사로잡혀 행복한 꿈을 꾸다가 문득 잠에서 깨어나게 된 것입니다. 그러나 그 깨어남 덕분에 우리는 다시 과학적 사고로 박동하는 심장이 되었습니다. 과학적 사고는 이미 얻은 확실한 사실로 이루어진 것이 아닙니다. 그것은 끊임없이 움직이는 사고이며, 그 힘은 항상 모든 것에 의문을 제기하고 다시 시작하는 능력에 있습니다. 더 유효한 설명을 찾기 위해서라면 세상의 질서를 뒤집는 일도 두려워하지 않고, 모든 것에 다시 물음을 던지고 모든 것을 다시 뒤집어엎는 능력이죠.

세계에 대해 다시 생각하기를 두려워하지 않는 것, 그것이 과학의 힘입니다. 아낙시만드로스Anaximandres가 지구를 떠받치고 있던 받침을 없애고, 코페르니쿠스가 지구를 하늘로 띄워 회전시키고, 아인슈타인이 시공간의 경직성을 해체하고, 다윈이 인간의 특별함이라는 환상을 벗겨낸 이래로 세상에 대한 그림은 더 효과적인 형태로 끊임없이 다시 그려져왔습니다. 세계를 근본적으로 재창안하는 용기, 이것이 바로 과학의 미묘한 매력이 되어 내 청소년기의 반항적인 마음을 사로잡았습니다.

서로 영향을 주고받는 방식

물리학 실험실에서는 누가 **관찰자**인지 분명합니다. 연구 대상인 양자를 준비하고 측정하는 과학자들이 관찰자죠. 그들은 측정 장비를 이용해 원자가 방출하는 빛이나 광자가 도달하는 위치를 감지합니다.

하지만 이 넓은 세상에는 실험실의 과학자나 측정기만 있는 것은 아닙니다. 그렇다면 측정하는 과학자가 전혀 없는 곳에서 관찰이란 도대체 무엇일까요? 관찰하는 사람이 아무도 없을 때, 양자론은 우리에게 무엇을 알려줄 수 있을까요? 양자론은 다른 은하계에서 일어나는 일에 대해 무엇을 알려줄까요?

그 해답의 열쇠이자 동시에 이 책의 핵심 아이디어는, 과학자도 측정 장비와 마찬가지로 자연의 일부라는 단순한 사실입니다. 양자론이 설명하는 것은 자연의 한 부분이 자연의 다른 부분에게 어떻게 자신을 나타내는가 하는 것이죠.

내가 여기서 설명하는 양자론의 '관계론적' 해석의 핵심은, 양자론은 양자적 대상이 **우리**(혹은 '관찰'이라는 일을 하는 특별한 실체)**에게** 어떻게 나타나는지를 기술하는 것이 아니라는 발상입니다. 이 이론은 어떤 물리적 대상이 다른 임의의 물리적 대상에게 어떻게 나타나는지를 기술합니다. 즉, 물리적 대상이 다른 물리적 대상에게 어떻게 작용하는지를 기술하는 것이죠.

우리는 이 세상을 대상과 사물, 실체(과학 전문용어로 '물리계'라고 부르는 것)의 측면에서 생각합니다. 광자, 고양이, 돌, 시계, 나무, 소년, 마을, 무지개, 행성, 은하단 등등… 그러나 이 대상들은 각자 고고한 고독 속에 서 있는 것이 아닙니다. 오히려, 서로에게 작용하고만 있을 뿐입니다. 우리가 자연을 이해하려면 고립된 대상이 아니라 이러한 상호작용에 주목해야 합니다. 고양이가 똑딱거리는 시계 소리에 귀를 기울입니다. 소년이 돌을 던지고, 돌은 날아가 공기를 움직이고, 다른 돌에 부딪혀 그 돌을 움직이고, 그 돌은 떨어져 땅을 누릅니다. 한 그루의 나무가 태양빛에서 에너지를 얻어 산소를 만들고, 마을 사람들은 그 산소를 마시며 별을 관찰합니다. 그리고 별들은 다른 별들의 중력에 이끌려 은하 속을 움직여갑니다. 우리가 관찰하고 있는 이 세계는 끊임없이 **상호작용**하고 있습니다. 그것은 상호작용의 촘촘한 그물망입니다.

대상은 대상이 상호작용하는 방식 그 자체로 존재합니다. 전혀 상호작용을 하지 않는 대상, 아무것도 영향을 주지 않고, 빛을 방출하지도 않고, 끌어당기지도 않고, 밀어내지도 않고, 만져지지도 않고, 냄새도 나지 않는 대상이 있다면… 그것은 존재하지 않는 것과 마찬가지죠.

상호작용하지 않는 대상에 대해 이야기하는 것은, 설령 그것이 존재한다고 해도 우리와 무관한 대상에 대해 이야기하는 것입니다. 그런 대상이 '존재한다'는 말의 의미조차도 분명치 않죠. 우리가 알고 있는 이 세계, 우리와 관계하고 우리의 관심을 끄는 세계, 우리가 '실재'라고 부르는 세계는 상호작용하는 실체들의 광대한 네트워크입니다. 대상들은 상호작용을 통해 서로에게 자신을 드러내며 우리도 마찬가지입니다. 우리는 바로 이 네트워크에 대해 논하고 있죠.

이 네트워크 속에는 차일링거가 실험실에서 관찰한 광자도 포함되지만, 더 나아가 안톤 차일링거 자신도 포함됩니다. 즉, 차일링거도 광자나 고양이, 별과 마찬가지로 네트워크 속의 실체인 것이죠. 지금 이 글을 읽고 있는 독자 여러분도 그런 존재이고, 캐나다의 겨울 아침, 서재 창문 너머로 아직 어두운 하늘을 바라보며, 컴퓨터와 나 사이에 웅크려 앉은 호박색 고양이의 가르랑거림을 들으며 지금 이 글을 쓰고 있는 나 역시도 여느 것과 같은 실체인 것입니다.

양자론이 광자가 차일링거에게 어떻게 나타나는지를 기술한다면, 그리고 이 둘이 모두 물리계라면, 양자론은 **임의의** 대상이 **임의의** 다른 대상에게 어떻게 나타나는지도 기술할 수 있어야 합니다. 광자와 이를 관찰하는 차일링거 사이에 일어나는 일의 본질은 **임의의 두 대상**이 상호작용할 때, 즉 서로에게 작용하며 서로에게 나타날 때 일어나는 일과 똑같은 것이니까요.

물론 엄격한 의미에서 '관찰자'인 특수한 물리계가 존재하는 것도 사실입니다. 즉, 감각기관과 기억이 있고, 실험실에서 일하는 거시적인 존재가 있는 것이죠. 그러나 양자역학은 그런 것들만 설명하는 것이 아닙니다. 실험실 관찰뿐만 아니라 모든 종류의 상호작용의 기초가 되는 물리적 실재의 근본적인 보편적 문법을 기술하는 것이 양자역학입니다.

이렇게 보면 양자역학의 '관찰' 즉, 하이젠베르크가 도입한 '관찰'에는 특별할 것이 없습니다. 이론적인 의미에서 '관찰자'에 특별한 것도 없고요. 두 물리적 대상 사이의 모든 상호작용을 관찰로 볼 수 있습니다. 한 대상이 다른 대상에게 나타나는 방식을 고려할 때, 그 어떤 대상이든 '관찰자'로 간주할 수 있을 것입니다. 즉, 다른 대상의 속성들이 그 대상에게 어떻게 나타나는지를 고려할 때 말입니다. 양자론은 사물들이 서로에게 나타나는 방식을 기술하는 것이죠.

즉, 양자론의 발견이란, '사물의 속성은 그 사물이 다른 사물에 영향을 미치는 방식에 지나지 않는다는 사실의 발견'이라고 생각합니다. 사물의 속성은 다른 사물과의 상호작용 속에서만 존재하는 것이죠. 양자론은 사물이 서로 영향을 주고받는 방식에 대한 이론입니다. 그리고 그것은 오늘날 우리가 가진, 자연에 대한 최선의 설명입니다.[53]

이는 단순한 발상이지만, 여기서 얻은 두 가지 급진적인 결과는 양자를 이해하는 데 필요한 개념적 공간을 열어줍니다.

상호작용 없이는 속성도 없다

보어는 "현상이 발생하는 조건을 알아내기 위해 사용되는 측정기와 원자계 사이의 상호작용을 그 원자계의 행동과 명확히 분리하는 것은 불가능하다"고 말합니다.[54]

보어가 이 구절을 썼던 1940년대만 해도 이 이론은 원자계를 측정하는 실험실에서만 적용되었습니다. 그로부터 거의 100년이 지난 오늘날에는 이 이론이 우주의 **모든** 물체에 적용된다는 것이 밝혀졌죠. 따라서 우리는 '원자계'를 '모든 물체'로, '측정기와의 상호작용'을 '다른 모든 물체와의 상호작용'으로 바꿔야 합니다.

이렇게 바꾸어놓고 보면, 보어의 이 관찰에는 양자론의 토대가 된 발견이 들어 있습니다. 즉, 대상의 속성은 그 속성이 발현될 때의 상호작용과 분리할 수 없으며, 나아가 그 속성이 발현되는 상대 대상과도 분리할 수 없다는 것입니다. 대상의 속성이란 그 대상이 다른 대상에 작용하는 방식 **바로 그것입니다.** 대상 자체는 다른 대상에 대한 상호작용의 네트워크일 뿐이죠. 양자론은 물리적 세계를 확정된 속성을 가진 대상들의 집합으로 보는 대신 관계의 그물망으로 보는 시각으로 우리를 초대합니다. 대상은 그 그물망의 매듭입니다.

이제는, 대상이 상호작용하지 않을 때에도 항상 속성을 갖는다고 생각하는 것조차도 불필요하며, 오해를 가져올 수 있습니다. 왜냐하면 그것은 존재하지 않는 것에 대해 이야기하는 일이 될 테니까요. **상호작용이 없으면 속성도 없습니다.**[55]

원래 하이젠베르크의 직관은 이런 의미였습니다. 전자가 어떤 것과도 상호작용하지 않을 때 전자의 궤도가 무엇인지 묻는 것은 무의미한 질문인 것이죠. 왜냐하면 전자의 물리적 속성은 전자가 다른 것에, 예를 들어 전자가 상호작용할 때 방출되는 빛에 어떻게 영향을 미치는가를 결정하는 것뿐이기 때문입니다. 상호작용을 하지 않는 전자에는 아무런 속성이 없는 것이죠.

이것은 정말 급진적인 도약입니다. 이는 **오직** 모든 것이 다른 것에 작용하는 방식에 대해서**만** 생각해야 한다고 말하는 것입니다. 전자가 어떤 것과도 상호작용을 하지 않을 때, 그 전자에는 물리적 속성이 없습니다. 위치도 없고 속도도 없는 것입니다.

속성은 상대적일 뿐이다

두 번째 결론은 훨씬 더 급진적입니다.

독자인 당신이 슈뢰딩거의 사고실험에 등장하는 고양이라고 가정해보세요. 당신은 상자에 갇혀 있고, 양자 장치가 수면제를 방출할 확률은 1/2입니다. 이때 **당신**은 수면제가 방출되었는지 아닌지를 알 수 있습니다. 방출되면 잠이 들고, 방출되지 않으면 깨어 있죠. 즉, **당신에게** 수면제는 방출되었거나 방출되지 않는 것입니다. 의심의 여지가 없죠. **당신으로서는** 잠들었거나 깨어 있거나 둘 중 하나입니다. 동시에 둘 다는 분명 불가능합니다.

반면에 나는 상자 밖에 있고, 수면제 병과도 당신과도 상호작용하지 않습니다. 나중에 나는 '잠든 당신'과 '깨어 있는 당신' 사이의 (양자적) 간섭현상을 관찰할 수 있을 것입니다. 내가 잠든 당신을 보았거나 깨어 있는 당신을 보았더라면, 일어나지 않았을 현상을 말이죠. 그런 의미에서 **나에게** 당신은 깨어 있지도 잠들어 있지도 않습니다. 당신이 '깨어 있는 것과 잠든 것의 중첩 상태'에 있다는 뜻이죠.

당신에게는 수면제가 방출되었거나 방출되지 않았으며, 당신은 잠들었거나 깨어 있거나 둘 중 하나입니다. **나**

에게는 '서로 다른 상태 사이의 양자적 중첩'이 존재합니다. 당신에게는 깨어 있거나 깨어 있지 않은 것이 실재입니다. 관계론적 관점에서 보면 이 **두 가지 다 사실**일 수 있습니다. 왜냐하면 각각은 당신과 나라는 서로 다른 두 관찰자 각자의 상호작용과 관련되기 때문입니다.

어떤 것이 당신에게는 실재하지만 나에게는 실재하지 않는다는 것이 과연 가능할까요?

나는 이 물음에 대한 답이 '그렇다'라는 것을 양자론이 발견했다고 생각합니다. **대상 A의 속성이 대상 B에 대해서 실재한다고 해도, 그것이 꼭 대상 C에 대해서도 실재하는 것은 아닙니다.*** 어떤 속성이 한 돌에 대해서는 실재할 수 있지만 다른 돌에 대해서는 실재하지 않을 수 있는 것이죠.[56]

---

* 양자역학의 문제는 두 가지 법칙이 모순되어 보인다는 데 있다. 그중 하나는 '측정'에서 일어나는 일을 기술하고, 다른 하나는 측정이 존재하지 않을 때 일어나는 일을 기술하고 있다. 관계론적 해석에서는 이 두 가지가 모두 옳다고 본다. 첫 번째 법칙은 상호작용하는 시스템과 관련된 사건에 관한 것이고, 두 번째 법칙은 상호작용하지 않는 시스템과 관련된 사건에 관한 것이다.

희박하고 가벼운 양자의 세계

부디 독자 여러분들이 여기까지의 미묘하지만 핵심적인 이야기를 읽다가 책을 내려놓는 일이 없기를 바랍니다. 요약하자면, 대상의 속성은 상호작용하는 순간에만 존재하며, 그 속성이 한 대상과의 관계에서는 실재하지만 다른 대상과의 관계에서는 실재하지 않을 수 있다는 것입니다.

어떤 속성이 다른 대상과의 관계에서만 존재한다는 사실은 그다지 놀랄 일이 아닙니다. 그 정도는 우리도 이미 알고 있었으니까요.

예를 들어 속도는 한 물체가 **다른 물체에 대해** 갖는 속성입니다. 여러분이 유람선의 갑판 위를 걸을 때, 여러분은 유람선에 대해서는 특정한 속도로, 강물에 대해서는 그것과 다른 속도로 걷게 됩니다. 또한, 지구에 대해서는 또 다른 속도로, 태양에 대해서는 다시 또 다른 속도로, 은하계에 대해서는 또 다른 속도로… 이런 식으로 끝없이 계속될 수 있습니다. (암묵적이든 명시적이든) 무언가를 **기준점으로** 하지 않은 속도란 존재하지 않습니다. 속도는 두 대상(당신과 유람선, 당신과 지구, 당신과 태양 등등)에 관한 개념입니다. 그것은 다른 어떤 것에 대해서만 존재하는 속성입니다. 두 존재 사이의 **관계**인 것이죠.

이와 비슷한 사례는 그밖에도 많이 있습니다. 지구는 구형이기 때문에 '위'와 '아래'는 절대적인 개념이 아니라, 내가 지구상의 어디에 있느냐에 따라 달라지는 **상대적인** 속성입니다. 아인슈타인의 특수상대성이론은 동시성이라는 개념이 관찰자의 운동 상태에 따라 상대적이라는 것을 발견했죠. 양자론의 발견은 조금 더 급진적입니다. 양자론은 모든 대상의 **모든** 속성(변수)이 속도와 마찬가지로 관계적이라는 사실을 발견한 것입니다.

물리적 변수는 사물을 기술하는 것이 아니라, 사물이 서로에 대해 나타나는 방식을 기술합니다. 상호작용이 일어나지 않고 있을 때 변수에 값을 부여하는 것은 무의미한 일이죠. 변수는 어떤 대상과 상호작용하는 동안 그 대상과 관련해 상대적인 값(입자의 위치나 속도)을 갖는 것입니다.

세계는 이러한 상호작용의 네트워크입니다. 물리적 물체가 상호작용할 때는 관계가 성립합니다. 돌이 다른 돌과 부딪힙니다. 햇빛이 내 피부에 닿습니다. 독자인 당신은 이 글을 읽습니다.

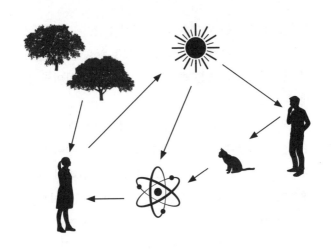

그리하여 드러나는 세계는 희박한 세계입니다. 이 세계 속에 있는 것은 확정된 속성을 가진 서로 독립된 실체가 아니라 다른 것과의 관계 속에서만, 게다가 상호작용할 때만 속성과 특징을 갖는 존재들인 것입니다. 돌은 그 자체로는 위치가 없고, 충돌하는 다른 돌에 대해서만 위치를 갖습니다. 하늘은 그 자체로 색이 있는 것이 아니라, 하늘을 올려다보는 나의 눈에 대해서만 색깔을 갖습니다. 하늘의 별은 독립적인 존재로 빛나는 것이 아니라, 그 별이 속한 은하계를 이루는 상호작용 네트워크의 한 매듭일 따름입니다.

따라서 양자 세계는 기존 물리학에서 상상했던 것보다 더 무르며, 일시적이고 불연속적인 사건들과 상호작용으로 이루어져 있습니다. 마치 베네치아 레이스처럼 정교하고 복잡하면서 연약하게 짜인 세계죠. 모든 상호작용은 사건입니다. 실재를 엮는 것은 이 가볍고 덧없는 사건이지, 철학이 상정한 절대적인 속성을 지닌 무거운 물체 같은 것이 아닙니다.

전자의 일생은 공간 속에서 하나의 선으로 존재하지 않습니다. 다른 것과 상호작용할 때, 한 번은 여기 또 한 번은 저기, 이렇게 사건으로 나타나는 점선이죠. 비약적이고 불연속적이고 확률적이고 상대적입니다.

물리학의 신비에 관한 매혹적인 책 《우주론적 문답 Cosmological Koans》에서 물리학자 앤서니 아기레Anthony Aguirre는 이 모든 것들이 불러일으키는 당혹감과 결과에 대해 다음과 같이 말합니다.

"전자는 우리가 측정하고 관찰하는 중에 나타나는 특정 유형의 규칙성이다. 그것은 하나의 실체라기보다는 패턴이고, 질서다. 우리는 사물을 쪼개고 쪼개서 점점 더 작은 조각으로 만든다. 그런데 자세히 살펴보면 그 조각들은 존재하지 않는다. 단지 조각들이 배열되는 방식만 있을 뿐이다. 그렇다면 배나 돛이나 손톱 같은 것들은 무엇일까? 그것들은 도대체 무엇이란 말인가? 그것들이 형태의 형태의 형태라고 한다면, 그리고 형태가 질서이고, 그 질서를 규정하는 것이 우리라고 한다면… 그것들은 우리와 우주에 의해 창조되고, 그리고 우리와 우주의 관계 속에서만 존재하는 것 같다. 부

처라면 그것들을 '공空'이라고 불렀을 것이다."[57]

일상에서 우리는 이 세계가 견고하고 연속적이라는 생각에 완전히 익숙해져 있지만, 사실 거기에는 세계 실재의 결이 실제로 반영되어 있지 않습니다. 견고하다고 느끼는 것은 우리가 거시적으로 보고 있기 때문이죠. 전구는 연속적인 빛이 아니라 수많은 아주 작은 광자를 내뿜고 있습니다. 실제 세계는 작은 규모에서는 연속적이지도 견고하지도 않으며, 불연속적인 사건들과 상호작용이 드문드문 흩어져 있을 뿐입니다.

슈뢰딩거는 양자의 불연속성에 맞서 싸웠습니다. 보어의 양자 도약이나 하이젠베르크의 행렬 세계와도 맹렬히 싸웠죠. 그는 고전 물리학적 관점의 연속적인 실재의 이미지를 지키려 했습니다. 그러나 1920년대 충돌 이후 수십 년이 지난 뒤, 슈뢰딩거도 결국 항복하고 패배를 인정했습니다. 앞서 인용한 구절("파동역학의 창시자들은 어느 순간 양자론에서 불연속성을 제거했다는 착각에 빠져있었다")에 이어지는 슈뢰딩거의 말은 명확하고 단호합니다.

"입자를 영구적인 실체로 생각하기보다는 순간적인 사건으로 생각하는 것이 더 낫다. 그 사건들은 때때로 사슬을 이루어 마치 영구적인 것 같은 착각을 주지만, 그것은 특수한 상황에서 극히 짧은 시간 동안에만 그럴 뿐이다."[58]

그렇다면 파동 ψ란 무엇일까요? 그것은 어떤 사건이 **우리와의 관계** 어디에서 일어날 것인가를 확률로 계산한 것입니다.[59] 따라서 그것은 어떤 관점에서 결정되는 양입니다. 각각의 대상은 하나의 ψ 파동을 가지고 있는 것이 아니라, 그 대상과 상호작용하는 다른 모든 물체에 대해 다른 ψ 파동을 갖죠. 한 사물과의 관계에서 발생한 사건은 다른 사물과의 관계에서 발생하는 사건의 확률에는 영향을 미치지 않습니다.* 따라서 ψ에 의해 기술되는 '양자 상태'는 항상 상대적인 상태일 뿐입니다.[60]

간략히 소개한 다세계 해석과 숨은 변수 해석은 우리가 보고 있는 것 너머 또 다른 실재를 덧붙여 이 세계를 '채우려' 합니다. 그래야 고전역학 세계의 '충만함'을 되찾고 양자의 불확정성을 해소할 수 있기 때문입니다. 하지만 그 대신 보이지 않는 것으로 가득 찬 세계를 전제하는 대가를 치러야 했죠. 이에 반해 관계론적 관점에서는 양자역학을 (어쨌든 우리가 가진 최선의 이론이니까) 세계에 대한 빈약한 기술까지 포함해 있는 그대로 받

---

* 이것이 관계론적 해석의 핵심적인 직관적 기술이다. 더 정확히 말하면, 우리에 대해 실현되는 사건의 확률은 우리와 관련해 정의된 파동함수 ψ의 진화에 의해 결정된다. 이는 다른 관계와 모든 상호작용의 역학은 포함하지만 다른 관계에 대해 실현된 사건의 영향은 받지 않는다.

아들이고, 큐비즘과 마찬가지로 그 불확정성을 받아들입니다.* 그러나 큐비즘이 자연의 외부에 있는 듯한 주체가 갖는 정보를 이야기하는 것과 달리, 관계론적 해석은 전체 세계에 대해 이야기합니다.

양자론을 이해하기 위해서는 우리가 현실을 이해할 때 사용하는 문법을 수정할 필요가 있습니다. 마치 아낙시만드로스가 '위'와 '아래'라는 개념을 바꾸어서 지구의 형태를 이해한 것처럼 말이죠.[61] 대상은 상호작용할 때 어떤 값을 갖는 변수에 의해 기술되며, 그 값은 다른 대상이 아니라 상호작용 대상과의 관계에서 결정됩니다. 피란델로의 말처럼, 대상은 **아무도 아닌, 동시에 십만인 어떤 것**이죠.

이렇게 세계는 다양한 관점의 게임 속에서 산산조각 나며, 단일한 포괄적 시각은 용납되지 않습니다. 그것은 다양한 관점의 세계, 다양한 표현의 세계이지, 확정된 속성이나 단일한 사실을 가진 실체들의 세계가 아닙니다. 속성은 대상 안에 있는 것이 아니라, 대상과 대상 사이에 놓인 다리인 것입니다. 대상은 맥락 속에서

---

* 다세계 해석에 따르면, 내가 어떤 사건을 관찰할 때마다 다른 것을 관찰하는 '또 다른 나'가 존재한다. 봄의 이론은 ψ의 두 부분 중 한 부분만 나를 포함하고 다른 한 부분은 비어 있다고 가정한다. 관계론적 해석에서는 내가 관찰하는 것과 다른 관찰자가 관찰하는 것을 분리한다. 만약 내가 고양이라면 나는 깨어 있거나 잠들어 있거나 둘 중 하나이지만, 그렇다고 해서 다른 대상과 관련된 간섭현상이 없는 것은 아니다. 왜냐하면 다른 관찰자와 관련된 간섭을 제한할 현실 요소가 없기 때문이다. 내가 관찰한 것은 나와 관련된 사건이지 다른 사람과 관련된 사건이 아니다.

만, 즉 다른 대상과의 관계 속에서만 존재하며 다리와
다리가 만나는 지점입니다. 이 세계는 거울처럼 서로
가 서로에게 비쳐야만 존재하는 관점들의 게임인 것입
니다.

사물의 미세한 입자는, 변수들이 상대적이고 미래가
현재에 의해 결정되지 않는, 이토록 기묘하고 작은 세
계입니다. 이 환상적인 양자 세계가 바로 우리의 세계
인 것입니다.

IV

현실을 엮는 관계의 그물망

사물들은 서로에 대해 어떻게 이야기하고 있을까?
세계에 대한 기존의 이해에서 우리를 멀어지게 하는
기묘한 현상들이 있다.

얽힘

앞서 양자론의 핵심에 대해 이야기했습니다. 사물의 속성은 다른 사물에 상대적이며 상호작용을 통해 실현된다는 것이었죠. 자, 이제부터 사물들의 이러한 상호의존성을 가장 잘 나타내는 현상에 대해 이야기하겠습니다. 꿈처럼 미묘하고 매혹적인 양자 현상, 바로 '얽힘'입니다.

얽힘은 여러 양자 현상 중에서도 가장 기묘한 현상으로, 세계에 대한 기존의 이해에서 우리를 가장 멀어지게 하는 현상입니다. 슈뢰딩거의 지적대로, 양자역학의 진정한 특징이죠. 그러나 그것은 실재의 구조 자체를 엮어내는 일반적인 현상이기도 합니다. 양자론에 의해 밝혀진 실재의 가장 아찔한 측면들이 여기서 나타납니다.

이탈리아어에는 '얽힘entanglement'에 딱 맞는 말이 없습니다. 얽힘이란, 두 사물이나 두 사람이 문자 그대로든 비유적으로든 어떤 형태로 서로 얽혀 있는 상황입니다. 양자역학에서 얽힘은 과거에 만난 적이 있는 입자

같은 두 물체가, 마치 서로 계속 대화할 수 있듯이 이상한 유대를 유지하는 현상입니다. 멀리 떨어져 있는 두 연인이 서로의 마음을 느끼는 것처럼 말이죠. 말하자면 그들은 서로 얽혀 있고, 서로 이어져 있는 것입니다. 이 현상은 실험실에서 잘 확인된 사실입니다. 중국 과학자들은 최근 두 광자를 얽힌 상태로 수천 킬로미터 떨어뜨려놓는 데 성공했습니다.[62]

이게 어떤 건지 살펴보겠습니다.

먼저, 얽힌 두 광자는 **서로 연관된** 특성을 가지고 있습니다. 즉, 한쪽이 빨간색이면 다른 쪽도 빨간색이고, 한쪽이 파란색이면 다른 쪽도 파란색입니다. 여기까지는 딱히 이상할 것이 없죠. 가령 장갑 한 켤레를 따로따로 떼어 한쪽은 비엔나로 보내고 다른 한쪽은 베이징으로 보낸다고 해볼게요. 비엔나에 도착한 장갑과 베이징에 도착한 장갑은 같은 색일 것입니다. 이들은 서로 연관되어 있는 것이죠.

그런데 양자적으로 중첩된 상태에 있는 한 쌍의 얽힌 광자를 하나는 비엔나로 보내고 다른 하나를 베이징에 보내면 이상한 일이 벌어집니다. 예를 들어 두 광자는 둘 다 빨간색인 상태와 둘 다 파란색인 상태가 중첩되어 있을 수 있습니다. 그리고 각 광자는 관찰되는 순간에 빨간색인지 파란색인지 판명되죠. 그런데 한쪽이 빨간색이라는 것이 판명되면, 멀리 있는 다른 쪽도 빨간색으로 나타나는 것입니다.

각각 빨간색으로도 파란색으로도 나타날 수 있는데, 왜 둘 다 항상 같은 색으로 나타나는 걸까요? 바로 이 점이 당혹스러운 부분입니다. 양자론에 따르면 우리가 보기 전까지는 두 광자 각각이 빨간색으로 결정된 것도 아니고 파란색으로 결정된 것도 아닙니다. 색은 우리가 보는 순간 무작위로 색이 결정된다는 것이 이 이론의 주장이었죠. 하지만 만약 그렇다면 베이징에서 무작위로 결정된 색이, 비엔나에서 무작위로 결정되는 색과 어떻게 같을 수 있을까요? 내가 베이징에서 동전을 하나 던지고 비엔나에서 동전을 하나 던졌을 때, 두 결과는 서로 독립적이며 서로 상관관계가 없습니다. 베이징에서 앞이 나왔다고 비엔나에서도 앞이 나와야 하는 법은 없는 것이죠.

가능한 설명은 두 가지밖에 없습니다. 첫째, 한 광자의 색에 대한 신호가 멀리 떨어진 다른 광자에게 엄청난 속도로 전달된다는 설명입니다. 즉, 한 광자가 파란색일지 빨간색일지가 결정되자마자, 멀리 떨어진 형제에게 어떤 식으로든 즉시 전달된다는 것이죠. 둘째, 이보다 더 합리적인 가능성은 (아인슈타인은 비슷한 것을 예상했는데) 우리가 알지는 못했지만 사실 분리되는 순간에 이미 색이 정해져 있었다는 것입니다. 장갑의 경우와 같은 일이 일어나고 있었던 것이죠.

그런데 이 두 가지 설명은 모두 문제가 있습니다. 첫 번째 설명이 맞다면 엄청나게 멀리 떨어져 있는 곳 사이에 엄청나게 빠른 속도로 신호를 전달할 수 있어야 하는데, 이는 시공간 구조에 대해 우리가 알고 있는 모든 지식에 반합니다. 그렇게 빠른 신호 전달은 불가능한 것이죠. 사실 얽힌 사물을 이용해 신호를 보낼 수 있는 방법은 없습니다. 따라서 이러한 상관관계는 빠른 신호의 전송과는 무관합니다.

또 다른 가능성도 배제됩니다. 한 쌍의 장갑과는 달리, 광자가 멀리 떨어지기 전에 이미 둘 다 빨간색인지 파란색인지 알 수는 없습니다. 아일랜드의 물리학자 존 벨John Bell은 1964년에 쓴 멋진 논문에서 이 가능성을 부정하는 예리한 고찰을 전개했습니다.[63] 만약 두 광자의 상관적인 속성이 모두 (관찰되는 순간에 무작위로 결정되는 대신) 분리되는 순간부터 이미 결정된다고 가정하면, 실제로 관찰되는 것과 명백히 모순되는 (오늘날 벨의 부등식으로 불리는) 결과가 나온다는 것이죠. 벨은 우아하고 섬세하며 매우 기교적인 추론을 통해 이를 보여주었습니다. 따라서 상관관계는 처음부터 정해져 있지 **않은** 것입니다. [64]

수수께끼의 풀이가 막다른 골목에 다다른 것처럼 보입니다. 얽혀 있는 두 입자가 사전에 합의하지도 않았고, 서로 메시지를 주고받은 적도 없는데 어떻게 동일한 결정을 내릴 수 있을까요? 무엇이 이 둘을 묶고 있는 걸까요?

♯♯

내 친구 리 스몰린Lee Smolin은 어린 시절 얽힘에 대해 배우고 나서 몇 시간 동안 침대에 누워 천장을 바라보며 생각에 잠겨 있었다고 합니다. 내 몸을 구성하는 원자 하나하나가 먼 과거 어느 시점의 우주에 있는 수많은 다른 원자들과 상호작용을 했겠구나, 이런 생각을요. 그렇다면 몸 안의 각 원자는 이 은하계 곳곳에 흩어져 있는 수십억 개의 다른 원자와 얽혀 있을 테니 그는 자신이 우주와 한데 어우러져 있음을 느꼈다고 합니다.

얽힘이라는 현상 하나만 봐도 실재는 우리가 생각했던 것과 전혀 다르다는 것을 알 수 있습니다. 함께 있는 두 물체는 따로따로 있는 두 물체보다 더 많은 특성을 가지고 있습니다. 더 정확히 말하자면, 한 물체와 다른 물체에 대해 예측할 수 있는 모든 것을 알고 있다고 해도, 두 물체가 함께 있는 경우에 대해서는 전혀 예측할 수 없는 상황이 존재합니다. 고전역학의 세계와는 전혀 다르죠.

ψ_1이 한 물체의 슈뢰딩거 파동이고 ψ_2가 두 번째 물체의 파동이라면, 직관적으로는 ψ_1과 ψ_2를 아는 것으로

두 물체에 대해 관찰할 수 있는 모든 것을 충분히 예측할 수 있다고 생각하기 쉽습니다. 하지만 그렇지 않습니다. 두 물체 전체에 대한 슈뢰딩거 파동은 개별적인 두 파동의 합이 아닙니다. 그것은 다른 정보를 포함하는 더 복잡한 파동입니다. 두 파동 ψ_1와 ψ_2에는 기록될 수 없는 가능한 양자 상관관계에 대한 정보를 포함하고 있는 것입니다. [65]

요컨대, 특정한 상황에서 단일 물체에 대해 모든 것을 알고 있다고 해도, 이 물체가 다른 물체와 상호작용을 했다면 그것에 관해 전부 다 아는 것은 아닙니다. 우주의 다른 물체들과의 상관관계를 알지 못하는 것이죠. 두 물체 사이의 관계는 둘 중 하나에만 포함되어 있는 것이 아니라, 그 이상입니다.[66]

우주의 모든 구성 요소가 이처럼 서로 연결되어 있다는 사실은 그저 놀라울 뿐입니다.

ħħ

앞서 말한 수수께끼로 다시 돌아가보겠습니다. 얽힌 상태의 두 입자는 미리 약속한 것도 아니고, 멀리서 신호를 보내는 것도 아닌데 어떻게 똑같이 행동할 수 있을까요?

관계론적 관점에 서면 답을 얻을 수 있지만, 그 답은

이 관점이 얼마나 급진적인지를 보여줍니다.

답을 찾기 위해, 대상의 속성은 다른 대상과의 관계 속에서만 존재한다는 사실을 떠올려봅시다. 베이징에서 광자의 색을 측정하면 **베이징에 대해서** 색이 결정됩니다. 하지만 **비엔나에 대해서는** 그렇지 않습니다. 비엔나에서 색을 측정하면 **비엔나에 대해서** 색이 결정됩니다. 하지만 **베이징에 대해서는** 그렇지 않습니다. 그런데 두 곳에서 측정이 이루어지는 그 순간에 **두** 광자의 색을 **모두** 볼 수 있는 물리적 대상은 존재하지 않습니다. 따라서 그 두 결과가 동일한지 여부를 묻는 것은 의미가 없습니다. 두 광자의 색이 같다는 것을 확인할 수 있는 (즉, 두 광자와 동시에 상호작용하는) 상대가 존재하지 않기 때문에 무의미한 것입니다.

오직 신만이 동시에 두 곳을 볼 수 있지만, 설령 신이 존재한다고 해도 신은 자신이 본 것을 우리에게 말해주지 않습니다. 신이 보는 것은 실재와는 무관합니다. 우리는 신에게만 보이는 것이 존재한다고 가정할 수는 없습니다. 우리는 두 가지 색이 모두 존재한다고 가정할 수 없습니다. 왜냐하면 두 색이 동시에 결정될 수 있는 **상대**가 없기 때문입니다. 속성은 무언가와 관련해서만 존재하는 것인데, 이 두 색의 조합은 그 어떤 것과 관련해서도 존재하지 않습니다.

물론 우리는 베이징과 비엔나의 두 관측 결과를 비

교할 수 있습니다. 하지만 그러기 위해서는 신호를 주고받아야 합니다. 두 실험실에서 서로 이메일을 주고받거나 전화 통화를 하거나 해서 말이죠. 하지만 이메일을 보내는 데는 시간이 걸리고, 전화로 목소리가 전달되는 데도 시간이 걸립니다. 그 어떤 것도 즉각 전달되지는 않죠.

베이징의 관측 결과가 이메일이나 전화로 비엔나에 도착할 때, 그리고 **오직 그때만** 비로소 그 결과는 비엔나에서도 현실이 됩니다. 그러나 이 시점에서는 더 이상 먼 곳의 신비한 신호는 존재하지 않지요. 비엔나와 관련해서는, 그 정보가 담긴 신호가 비엔나에 도달하는 그 순간에야 비로소 베이징의 광자 색이 구체화되는 것입니다.

베이징에서 관측이 이뤄지는 순간에 **비엔나와 관련해서는** 어떤 일이 벌어지고 있는 걸까요? 측정을 수행하고 있는 장치, 데이터를 읽고 있는 과학자, 그들이 메모하는 노트, 측정 결과를 기록한 메시지, **이 모든 것이 양자적 대상이라는 것**을 기억해야 합니다. 베이징 과학자들이 비엔나에 연락을 취하기 전까지는 **비엔나와 관련해서** 이들의 상태는 결정되지 않았습니다. 비엔나에게는 모든 것이 잠든 고양이와 깨어 있는 고양이의 중첩 상태와 같은 것입니다. 그들은 측정 결과가 빨간색인 상황과 파란색인 상황의 양자적 중첩 상태에 있습니다.

베이징과 관련해서는 그 반대입니다. 측정 결과가 담긴 메시지가 베이징에 도착하기 전까지, 비엔나 실험실과 비엔나에서 도착하는 메시지는 '양자 중첩' 상태에 있습니다.

양측 모두 신호가 교환될 때에만 상관관계가 실현됩니다. 이렇게 생각하면, 우리는 마법 같은 신호 전송이나 사전 결정된 결과를 상정하지 않고서도 상관관계를 이해할 수 있습니다.

이것이 방금 전의 수수께끼에 대한 해답이지만, 여기에는 높은 대가가 따릅니다. 사실에 대한 단일한 보고가 존재하지 않게 되는 겁니다. 베이징에 관련된 사실과 비엔나에 관련된 사실은 존재하지만, 그 둘이 **들어맞지가 않습니다**. 한 관찰자에게 사실인 것이 다른 관찰자에게는 사실이 아니게 됩니다. 실재의 상대성이 여기서 완전히 빛을 발하고 있는 것이죠.

한 대상의 속성은 다른 대상과의 관계 속에서만 존재합니다. 따라서 두 대상의 상관 속성은 **제3의** 대상과의 관계 속에서만 존재합니다. 두 대상이 상관관계가 있다고 말하는 것은 **제3의** 대상에 관한 사항을 말하는 것입니다. 상관관계는 상관관계에 있는 두 대상이 **모두** 이 제3의 대상과 상호작용할 때 발현되는 것입니다.

얽힌 상태에 있는 두 대상 간의 원격 소통처럼 보이는 현상을 모순처럼 생각하게 된 것은, 상관관계가 현실이 되려면 두 대상과 상호작용하는 제3의 대상이 존재해야 한다는 사실을 잊었기 때문입니다. 나타나는 모든 것은 **어떤 것에게** 나타난다는 사실을 잊었던 것이죠. 두 대상 사이의 상관관계도 두 대상의 속성입니다. 이는 모든 속성과 마찬가지로, 또 다른 제3의 대상과의 관계 속에서만 존재합니다.

얽힘은 둘이 추는 춤이 아니라, 셋이 추는 춤인 것입니다.

셋이 추는 춤

물체의 속성을 관측하는 상황을 상상해봅시다. 차일링 거가 광자를 감지하여 그것이 빨간색임을 알게 됩니다. 온도계는 케이크의 온도를 감지합니다.

측정은 한 대상(광자, 케이크)과 다른 대상(차일링거, 온 도계) 사이의 상호작용입니다. 상호작용이 끝나면 한 대상은 '다른 대상에 관한 정보를 얻게' 됩니다. 온도계 는 굽고 있는 케이크의 온도에 대한 정보를 얻습니다.

여기서 온도계가 케이크의 온도에 대한 '정보를 가지 고 있다'는 것은 무엇을 의미할까요? 간단합니다. 이는 온도계와 케이크 사이에 **상관관계**가 있다는 것을 의미 합니다. 즉, 측정이 끝난 뒤, 케이크가 차가우면 온도계 는 차가움을 나타내고(수은 기둥이 낮아짐), 케이크가 뜨 거우면 온도계는 뜨거움을 나타내는(수은 기둥이 높아짐) 것이죠. 온도와 온도계는 마치 두 개의 광자처럼 상호 연관되어 있는 것입니다.

관찰에서 일어나는 일은 모두 그런 식으로 설명됩니다. 하지만 주의하세요. 이제 케이크가 서로 다른 온도의

양자적 중첩 상태에 있다고 가정해봅시다. 그렇다면,

  - 온도계와 관련하여, 케이크는 (온도계와의) 상호작용 과정에서 그 자신의 속성(온도)을 나타냅니다.
  - 이 상호작용에 관여하지 않는 제3의 물리계와 관련해서는, 그 어떤 속성도 나타내지 않습니다. 즉 케이크와 온도계는 얽힌 상태에 있는 것입니다.

이것이 바로 슈뢰딩거의 고양이에게 일어난 일입니다. 고양이에게는, 수면제가 방출되었거나 아니거나 둘 중 하나입니다. 아직 상자를 열지 않은 나에게는, 수면제 병과 고양이는 얽힌 상태입니다. 즉, '수면제 방출/잠든 고양이'와 '수면제 비방출/깨어 있는 고양이'의 양자적 중첩 상태인 것이죠.

따라서 얽힘은 특별한 상황에서만 발생하는 드문 현상이 아닙니다. 외부의 (제3의) 물리계의 관점에서 상호작용을 볼 때 흔히 발생하는 현상이죠.

외부의 관점에서 볼 때, 한 대상이 다른 대상에게 나타나는 것, 즉 어떤 속성이 드러나는 것은, 바로 그 대상과 다른 대상 사이의 상관관계가 나타나는 것(일반적으로 말해 얽힘이 실현되는 것)이라고 할 수 있습니다.

요컨대 얽힘은 현실을 엮는 관계 자체를 외부에서 본 모습에 지나지 않습니다. 즉, 그것은 대상의 속성을 현실화하는 상호작용 과정을 통해 한 대상이 다른 대상에게 나타난 것입니다.

$$\hbar$$

당신이 나비를 보고 그 날개의 색깔을 알았다고 해봅시다. 이때 나와 관련해서 일어난 일은, 당신과 나비 사이에 하나의 상관관계가 성립된 것입니다. 즉, 당신과 그 나비는 이제 얽힌 상태가 된 것이죠. 그 나비가 날아가서 당신과 멀어졌다고 하더라도, 내가 그 나비의 날개 색깔을 보고서 당신에게 어떤 색깔을 보았는지 묻는다면 대답이 일치할 것이라는 사실은 여전히 남습니다. 비록 그 나비가 다른 색이었을 상황과의 미묘한 간섭현상이 있을 수 있다고 하더라도….

외부에서 보면, 이 세계의 상태에 관해 우리가 가진 모든 정보는 이러한 상관관계 속에 있습니다. 그리고 모든 속성은 오로지 상대적인 속성일 뿐이기에, 이 세상의 모든 것은 얽힘의 그물망 속에서만 존재합니다. 그러나 이런 광란 속에도 질서는 있습니다. 만약 당신이 나비의 날개를 본 것을 내가 알고 있고 또 당신이 나에게 나비의 날개가 파랗다고 말했다면, 나는 내가 봐도 그 나비의 날개가 파랗게 보일 거라는 것도 알게 됩니다. **속성이 상대적이라는 사실에도 불구하고** 양자론은 그렇게 예측합니다.[67] 속성이 상대적일 뿐이라는 사실 때문에 여럿으로 쪼개진 시점과 다양해진 관점도, 이러한 정합성 덕분에 다시 봉합됩니다. 양자론의 문법에는 이러한 정합성이 갖추어져 있으며, 이것이 상호주관성의 기반이 되어 우리의 공통된 세계상의 객관성을 뒷받침합니다.

서로 대화하는 우리 모두에게, 나비의 날개색은 늘 같은 색인 것입니다.

유한하면서 무궁무진한 정보

말은 결코 정확하지 않습니다. 말에 담긴 미묘한 색조의 의미 덕분에 말의 표현에 힘이 실리는 것입니다. 그러나 '때로는 말이 두 가지 의미를 가지고 있기 때문에Cause you know sometimes words have two meanings'* 혼란이 생겨날 수도 있습니다. 위에서 몇 줄 전에 사용한 '정보'라는 단어도, 다른 맥락에서 쓰이면 다른 개념을 가리키는 애매한 단어입니다.

'정보'라는 단어는 **의미**가 있는 무언가를 가리킬 때 흔히 사용됩니다. 아버지에게서 온 편지에 "정보가 잔뜩 들어있다"고 말하는 경우가 그렇죠. 이런 종류의 정보를 해독하려면 편지 속 문장들의 **의미**를 이해할 수 있는 정신이 필요합니다. 이것은 정보에 대한 '의미론적' 개념, 즉 의미와 관련된 개념입니다.

그런데 같은 '정보'라는 단어가 의미론이나 정신과는 무관하게 더 단순한 의미로 사용되는 경우도 있습

---

* 영국의 록 밴드 레드 제플린Led Zeppelin의 'Stairway To Heaven'의 가사.

니다. 이는 직접적으로 물리학에 해당하는 용법으로, 정신이나 의미를 언급하지 않습니다. 앞에서 온도계가 케이크의 온도에 대한 '정보를 갖는다'고 했을 때 썼던 '정보'라는 단어가 바로 그렇습니다. 그때는 케이크가 차가우면 온도계는 차갑다고 표시하고 케이크가 뜨거우면 온도계는 뜨겁다고 표시한다는 것을 말하기 위해 '정보'라는 단어를 사용한 것입니다.

이것이 물리학에서 사용되는 '정보'라는 단어의 단순하고 일반적인 뜻입니다. 동전 하나를 던졌을 때 나올 수 있는 결과는 앞면 또는 뒷면 두 가지입니다. 동전 두 개를 던졌을 때 나올 수 있는 결과는 앞-앞, 앞-뒤, 뒤-앞, 뒤-뒤, **네 가지**죠. 그런데 두 동전을 모두 앞면이 위로 오도록 투명한 플라스틱 조각에 붙인 다음 그 조각을 던지면, 나올 수 있는 결과는 더 이상 네 가지가 아니라 앞-앞과 뒤-뒤, **두 가지**가 됩니다. 한 동전의 앞면이 나왔다는 것은 다른 동전도 앞면이 나왔다는 것을 의미합니다. 물리학의 언어로는 두 동전의 면에 '상관성'이 있다고 말합니다. 혹은 두 동전의 면이 '서로에 대한 정보를 가지고 있다'고 말하죠. 한 동전을 보면 다른 동전에 대한 '정보를 얻을 수 있다'는 뜻입니다.

이런 뜻으로 물리적 변수가 다른 물리적 변수에 대한 '정보를 가지고 있다'고 말하는 것은, 단지 (공통의 역사, 물리적 연결, 플라스틱 조각에 접착과 같은) 모종의 제약이 있어서 한 변수의 값이 다른 변수의 값에 대한 어떤 함축을 갖는다는 것을 의미할 뿐입니다.[68] 이것이 지금 여기서 사용하는 '정보'라는 단어의 의미입니다.

이 책에서 정보에 대해 이야기하는 것을 주저한 이유는 '정보'라는 단어가 애매하기 때문이었습니다. 사람들은 누구나 '정보'라는 단어를 본능적으로 자기 마음대로 읽어버리는 경향이 있어서, 서로 이해하는 데 방해가 되기도 하니 말입니다. 하지만 그래도 정보라는 개념은 양자론에서 중요하기 때문에 어쨌든 정보에 대해서 이야기해보고자 합니다.

아무쪼록 이 책에서 '정보'라는 단어는 정신적이거나 의미론적인 의미가 아니라 물리적인 의미로 사용된다는 점을 기억해주시기를 바랍니다.

hh

한 물리적 물체의 속성은 또 다른 물체에 대해 실현되며, 앞에서 보았듯 우리는 그 속성을 둘 사이의 상관관계가 성립된 것으로, 혹은 두 번째 물체가 첫 번째 물체에 대해 갖는 **정보**로 생각할 수 있습니다.

따라서 우리는 양자 물리학을 물리계들이 서로에 대해 가지고 있는 정보(방금 살펴본 의미에서)의 이론으로 생각할 수 있습니다.

우리는 고전 물리학에서도 물리계들이 서로에 관해 가지고 있는 정보만 생각할 수 있습니다. 그러나 양자 물리학을 고전 물리학과 근본적으로 차별화하고, 양자 물리학의 새로움을 보여주는 두 가지 차이점이 있습니다. 이를 두 가지 일반 법칙 또는 '공준公準'으로 요약할 수 있습니다.[69]

1. 한 물리적 대상에 관해 우리가 가질 수 있는 관련 정보의 (최대) 양은 유한하다.[70]

2. 대상과 상호작용함으로써 우리는 항상 새로운 관련 정보를 얻을 수 있다.

언뜻 보기에 이 두 가지 공준은 서로 모순되는 것처럼 보입니다. 정보가 유한하다면, 어떻게 항상 새로운 정보를 얻을 수 있다는 걸까요? 하지만 이 모순은 단지 겉보기로만 그럴 뿐입니다. 왜냐하면 공준들은 '관련relevant' 정보에 대해 말하고 있기 때문입니다. 관련 정보 란 그 대상의 미래 행동을 예측할 수 있게 해주는 정보 를 말합니다. 새로운 정보가 입수되면 이전 정보 중 일 부는 '관련성 없는irrelevant' 정보가 됩니다. 즉, 그 대상의 미래 행동 예측에 영향을 미치지 않게 되는 것이죠.[71]

이 두 가지 공준이 양자론을 요약합니다.[72] 어째서 그런지 살펴보도록 하겠습니다.

1. 정보는 유한하다: 하이젠베르크의 원리

하나의 사물을 기술하는 모든 물리적 변수를 무한히 정밀하게 알 수 있다면, 우리는 무한한 정보를 얻게 될 것입니다. 하지만 이는 실제로 불가능합니다. 그 한계는 플랑크상수 $\hbar$에 의해 정해져 있습니다.[73] 이것이 플랑크상수의 물리적 의미죠. 이 상수는 우리가 물리적 변수를 어디까지 확정할 수 있는지 그 한계를 나타냅니다.

하이젠베르크는 이 중요한 사실을 양자론을 구성한 직후인 1927년에 밝혀냈습니다.[74] 그는 물체의 위치에 관한 정보의 정확도가 ΔX이고 그 속도(질량을 곱한 양)에 관한 정보의 정확도가 ΔP인 경우, 두 정확도를 한꺼번에 임의로 개선할 수 없다, 즉 '오차를 원하는 만큼 줄일 수 없다'는 것을 보여주었습니다. 두 정확도의 곱은 최소량인 플랑크상수의 절반보다 작을 수 없습니다. 이를 식으로 표현하면 다음과 같습니다.

$$\Delta X \Delta P \geq \hbar/2$$

이 공식은 "델타 X와 델타 P의 곱은 항상 '에이치 바'의 절반보다 크거나 같다"라고 읽습니다. 실재의 이 일반적인 속성을 '하이젠베르크의 불확정성 원리'라고 부르죠. 이 원리는 모든 사물에 적용됩니다.

그 직접적인 귀결은 입자성입니다. 예를 들어, 빛은 광자들, 즉 빛의 알갱이들로 이루어져 있는데, 이보다 더 작은 알갱이가 있다면 이 원리를 위반하게 되기 때문입니다. 즉, (X와 P와 유사하게) 전기장과 자기장이 둘 다 너무 확정되어버리면 첫 번째 공준을 위반하게 될 것입니다.

2. 정보는 무궁무진하다: 비가환성

불확정성 원리가 있다고는 하지만, 입자의 위치를 정밀하게 측정하고 **나서** 속도를 아주 정밀하게 측정할 수 없는 것은 아닙니다. 측정은 가능합니다. 다만 두 번째 측정이 끝났을 때 입자는 더 이상 같은 위치에 있지 않습니다. 속도를 측정하면서 위치에 대한 **정보를 잃게** 되기 때문에, 다시 측정하면 위치가 바뀌었다는 것을 알게 됩니다.

이는 어떤 대상에 대한 정보의 최대치에 도달하더라도, 여전히 우리는 예상치 못한 무언가를 알 수 있다는 (그러나 이전 정보는 잃고서) 두 번째 공준에서 비롯된 것입니다. 미래는 과거에 의해 결정되지 않습니다. 세계는 확률적인 것입니다.

P를 측정하면 X가 변하기 때문에, X를 먼저 측정하

고 나서 P를 측정했을 때와 P를 먼저 측정하고 나서 X를 측정했을 때는 다른 결과가 나옵니다. 따라서 양자론의 수학에서는 '먼저 X를 하고 나서 P를 하는 것'과 '먼저 P를 하고 나서 X를 하는 것'은 달라질 수밖에 없습니다.[75] 즉, 순서가 중요하다는 것인데, 이것이 바로 행렬의 특징이죠.[76] 양자론에서 나온 단 하나의 새로운 방정식을 기억하시나요?

$$XP - PX = i\hbar$$

이 방정식은 바로 순서의 중요성을 말해주고 있습니다. '선 X, 후 P'와 '선 P, 후 X'는 다릅니다. 얼마나 다를까요? 양자 현상의 규모인 플랑크상수에 의해 결정되는 양만큼 다릅니다. 그래서 하이젠베르크 행렬이 잘 작동할 수 있는 것입니다. 행렬을 사용하면 정보가 획득되는 순서를 반영할 수 있으니까요.

이 방정식에서 두세 단계만 거치면 앞의 부등식, 즉 하이젠베르크 원리가 도출되기 때문에, 모든 것이 이 식에 집약되어 있다고 해도 과언이 아닙니다. 이 방정식은 양자론의 두 공준을 수학적 용어로 변환한 것입니다. 바꾸어 말하면 이 방정식의 물리적 의미를, 오늘날 우리가 이해하는 한 가장 잘 나타낸 것이 그 두 가지 공준인 것이죠.

디랙 버전의 양자론에서는 행렬조차 불필요합니다. '비가환 변수'를 사용하는 것만으로도, 즉 이 방정식을 만족시키기만 해도 모든 것이 해결됩니다. '비가환'이란 순서를 함부로 바꿀 수 없다는 뜻입니다. 디랙은 이 방정식에 의해 **정의된** 양, 곧 비가환 변수를 'q-수'라고 불렀습니다. 수학에서는 '비가환 대수'라는 거창한 이름이 붙어 있죠. 디랙은 물리 이론을 표현할 때 늘 시인과 같았습니다. 모든 것을 극도로 단순화했죠.

제가 양자 현상의 첫 번째 사례로 소개한 차일링거의 광자를 기억하시나요? 거기서 광자는 '오른쪽 또는 왼쪽' 경로를 지나 '위 또는 아래' 검출기에 도달했죠. 그래서 광자의 행동은 '오른쪽' 또는 '왼쪽' 값을 취하는 X와 '위' 또는 '아래' 값을 취하는 P라는 두 가지 변수로 기술될 수 있습니다. 이 두 변수는 입자의 위치와 속도와 마찬가지로 둘 다 동시에 확정할 수 없습니다. 그래서 어느 한쪽의 경로를 닫고 첫 번째 변수('오른쪽' 또는 '왼쪽')를 확정하면, 두 번째 변수가 확정되지 않아 광자는 무작위로 '위'로 가기도 하고 '아래'로 가기도 합니다.

반대로 두 번째 변수를 확정하여 광자가 모두 '아래'로 가도록 하려면 첫 번째 변수가 확정되지 않아야 합니다. 즉, 광자가 '오른쪽'과 '왼쪽' 두 경로를 모두 통과할 수 있어야 하는 것이죠. 두 변수는 '비가환적'이므로 둘 다 함께 확정될 수는 없다고 말하는 것입니다. 이 현상 전체가, 위의 방정식에서 따라나오는 결과입니다.

$$\hbar\hbar$$

방금 살펴본 내용은 좀 전문적이어서 어쩌면 각주에 넣는 것이 좋을 수도 있었을 테지만, 그래도 이 책의 2부를 마무리하기 전에 양자론의 그림을 완성하고 싶었습니다. 그것을 요약하는 정보에 대한 공준과 그 수학적 구조의 핵심을 하나의 방정식으로 제시하려 했던 것입니다.

요컨대 이 방정식은 다음과 같은 사실을 말해줍니다. "세계는 연속적이지 않고 입자로 되어 있다."

"그리고 거기에는 하한下限이 있어서 사물이 무한히 작아질 수 없다."

"또한, 미래는 현재에 의해 결정되지 않는다. 물리적 사물은 다른 물리적 사물에 대해서만 속성을 가질 뿐이며, 이러한 속성은 사물들이 상호작용할 때만 존재한다."

"서로 다른 관점을 나란히 놓으면 모순이 나타난다."

우리는 일상생활에서 이런 사실을 전혀 인지하지 못합니다. 양자 간섭은 거시적인 세상의 소란스러움에 묻혀버려 세상은 우리에게 늘 확정된 모습으로 보이기 때문이죠. 대상을 최대한 고립시키고 세심한 주의를 기울여 관찰해야만 간섭현상을 드러낼 수가 있습니다.[77]

간섭이 관찰되지 않으면 '양자 중첩'을 무시하고 우

리가 그냥 무지할 뿐이라고 재해석할 수 있습니다. 상자를 열어보지 않으면 고양이가 자고 있는지 깨어 있는지 알 수 없는 거라고 생각하면 그뿐입니다. 간섭이 보이지 않는다면, '양자 중첩'이 있다고 생각할 필요가 없죠. '양자 중첩'이란 (종종 혼란이 있어서 이렇게 강조해두는데요) 그저 우리에게 간섭이 보인다는 것을 의미할 **뿐**이니 말입니다. 깨어 있는 고양이와 잠든 고양이 사이의 미묘한 간섭현상은 세상의 소음에 묻혀 보이지 않습니다. 실제로, 양자 현상은 **작은** 물체보다는 **아주 잘 격리된** 물체에서 나타나기에 양자 간섭도 그렇게 해서 감지할 수 있습니다.

우리는 보통 세계를 큰 규모에서 보기 때문에 이 세계의 입자성은 보이지 않습니다. 우리가 보는 것은 수많은 작은 변수들의 평균치입니다. 개별 분자들을 보는 것이 아니라 고양이 전체를 보는 것이죠. 너무 많은 변수가 관여하기 때문에 요동은 무의미해지고 확률은 확실성에 가까워집니다.[78] 흔들리고 요동치는 양자 세계의 무수히 많은 불연속적인 변수들은, 우리의 일상적 경험에서는 몇 개의 연속적이고 잘 정의된 변수로 귀착됩니다. 우리가 보는 세계는 거친 파도가 일렁이는 바다를 달에서 바라본 모습과 같습니다. 푸른 구슬의 매끈한 표면처럼 보이는 것이죠.

그렇기에 양자적 세계는 우리의 일상적 경험과 양립

할 수 있는 겁니다. 양자론은 고전역학도 포괄하고, 우리의 일상적 세계상도 근사치로 포괄합니다. 근시라서 냄비 속의 끓는 물이 안 보이는 사람의 경험을 눈이 좋은 사람이 이해할 수 있듯이, 양자론도 그렇게 이해할 수 있는 것이죠. 그러나 분자 규모에서 보면, 강철 검의 날카로운 칼날도 폭풍우 치는 바다의 가장자리처럼 거칠고 비뚤배뚤한 것이 됩니다.

고전 물리학적 세계상은 그저 우리가 근시안적이기 때문에 견고한 모습으로 보이는 것입니다. 고전 물리학의 확실성은 단지 확률일 뿐입니다. 옛 물리학이 제공해온 선명하고 견고한 세계의 이미지는 사실 환상이었던 것입니다.

ħ

1947년 4월 18일, 성스러운 섬 헬골란트에서 영국 해군은 독일군이 버린 군수품 잔해인 다이너마이트 6천7백 톤을 폭파합니다. 재래식 폭약으로는 최대 규모라고 알려진 이 폭발로 인해, 헬골란트 섬은 완전히 폐허가 되었습니다. 마치 한 청년이 이 섬에서 열어놓은 세계의 균열을 인류가 지워 없애려고 하는 듯이 말이죠.

하지만 실재에 관한 균열은 여전히 남아 있습니다. 그 청년이 일으킨 개념적 폭발은, 수천 톤의 TNT보다 훨씬 더 강력한 파괴력으로 우리가 알고 있던 현실의 틀 자체를 산산조각 내버렸습니다. 이 모든 과정에는 뭔가 사람을 어리둥절하게 만드는 면이 있습니다. 끝없이 거슬러 묻고 또 묻는 동안 우리 손가락 사이로 현실의 견고함이 녹아내리는 것 같은….

나는 자판을 두드리는 것을 멈추고 창밖을 바라봅니다. 밖에는 아직 눈이 남아 있습니다. 여기 캐나다에서는 봄이 늦게 찾아옵니다. 벽난로에는 불이 타오르고 있습니다. 일어나서 장작을 좀 더 넣어야겠네요. 지금 나는 세계의 실재의 본질에 대해 글을 쓰고 있습니다. 벽난로의 불을 들여다보다가 문득 내가 어느 실재에 대해 쓰고 있는 것일까 궁금해집니다. 저 눈인가? 이 흔들리는 불인가? 아니면 여러 책에서 읽었던 것? 아니면 이 피부에 닿는 벽난로의 온기, 이름 모를 주황색 불꽃, 땅거미가 내려앉고 있는 저 하늘의 희푸름?

잠시 후 그런 감각들마저도 녹아내립니다. 눈을 감으니 눈앞에 선명한 색깔의 빛의 덩어리가 커튼처럼 열려 나는 그 속으로 빠져들어가는 것만 같습니다. 이 또한 실재일까? 보라색과 주황색 형상들이 춤을 추고 있지만, 나는 이제 거기에서 빠져나옵니다. 나는 차를 한 모금 마시고 다시 불을 지피고 미소를 짓습니다. 우리는 불확실한 색채의 바다를 항해하고 있고, 길을 안내하는 좋은 지도도 가지고 있습니다. 하지만 우리 머릿

속의 지도와 실재 사이에는 큰 간극이 있습니다. 마치 항해사의 해도와, 갈매기가 날아다니는 절벽의 바위에 하얗게 부서지는 성난 파도 사이에 큰 간극이 있는 것처럼 말이죠.

우리가 세계라고 부르며, 그 속에 존재한다는 사실에 놀라움을 느끼는, 빛으로 가득한 이 마법의 만화경. 우리가 '정신'이라고 부르는 연약한 베일은 바로 이 무한한 신비를 탐색하기 위한 서투른 도구에 불과합니다.

우리는 손에 든 지도를 믿고 의심 없이 세계를 건널 수 있습니다. 그렇게도 충분히 잘 살 수 있고요. 세계의 빛과 무한한 아름다움에 그저 압도된 채로 말없이 앉아 있을 수도 있습니다. 참을성 있게 책상 앞에 앉아 촛불을 켜고 노트북을 열고, 실험실에 가서 친구나 논적과 논쟁을 벌이고, 성스러운 섬에 틀어박혀 계산을 하고, 새벽녘에 바위산을 기어오를 수도 있습니다. 아니면 차를 마시고 벽난로 불을 지피고 다시 자판을 두드리면서 몇 가지를 조금 더 이해하고, 기존의 해도를 집어 들어 그 한 부분이라도 더 낫게 만드는 일에 힘을 보탤 수도 있습니다. 다시 한번, 자연에 대해 생각해보는 것이죠.

V

> "현상이 모습을 드러낼 상대가 없으면
> 현상에 대한 명료한 기술은 없다."

지금까지 말한 모든 것이
세계의 실재에 대한 우리의 생각에 어떤 의미를 갖는지 물어보면,
양자론의 참신함이 결국 그리 새로운 것은 아님을 알게 된다.

보그다노프와 레닌

1905년 러시아 1차 혁명이 실패한 후 4년이 지나고, 10월 볼셰비키 혁명이 성공하기 8년 전인 1909년, 블라디미르 레닌Vladimir Lenin은 'V. 일리인'이라는 가명으로 그의 가장 철학적 저술인《유물론과 경험비판론Materialism and Empiriocriticism》을 출간했습니다.[79] 이 책이 암묵적으로 겨냥하고 있는 정치적 타깃은, 당시까지 그의 친구이자 동맹이었으며 볼셰비키의 공동 창설자이자 사상적 수장이었던 알렉산드르 보그다노프Aleksandr Bogdanov였습니다.

보그다노프는 러시아 1차 혁명 직전인 1904년부터 1906년까지 세 권으로 이루어진 저작을 출간했습니다.[80] 그 책에서 그는 **경험비판론**이라는 철학적 관점을 언급하면서 혁명운동의 일반적인 이론적 토대를 제시하였습니다. 그러나 레닌은 보그다노프를 라이벌로 여기기 시작했고, 그의 이데올로기적 영향력을 두려워하게 되었습니다. 그리하여 자신의 저서에서 경험비판론을 '반동 철학'으로 맹렬히 비판하고, 자신의 입장을 **유**

물론이라 부르며 옹호하였습니다.

'경험비판론'은 에른스트 마흐가 자신의 사상을 일컫은 이름입니다. 1부에 등장했던 에른스트 마흐, 기억하시나요? 아인슈타인과 하이젠베르크에게 철학적 영감을 준 사람 말입니다.

마흐는 체계적인 철학자가 아니었고, 그의 작업은 때때로 명확함이 부족했지만, 그래도 저는 마흐가 동시대 문화에 끼친 영향이 과소평가되고 있다고 생각합니다.[81] 20세기 물리학의 두 가지 위대한 혁명인 상대성 이론과 양자론은 마흐의 영향을 받아 시작되었습니다. 마흐는 지각에 대한 과학적 연구가 탄생하는 데에도 직접적인 역할을 했습니다. 또한 러시아 혁명으로 이어지는 정치적, 철학적 논쟁의 중심에 있기도 했습니다. 마흐는 비엔나 서클(정식 명칭은 '에른스트 마흐 협회'입니다)의 창립자들에게 결정적인 영향을 끼쳤고, 그러한 철학적 토양에서 탄생한 논리인 실증주의는 현대 과학철학의 큰 뿌리가 되었습니다. 그 '반反형이상학적' 논법은 마흐로부터 물려받은 것이죠. 마흐의 영향은 오늘날 분석 철학의 또 다른 뿌리인 미국의 프래그머티즘Pragmatism(실용주의)에까지 미치고 있습니다.

마흐는 문학에도 발자취를 남겼습니다. 20세기 최고의 소설가 중 한 명인 로베르트 무질Robert Musil은 에른스트 마흐에 관한 박사 학위 논문을 썼습니다. 그리고 첫 소설 《소년 퇴를레스의 혼란Die Verwirrungen des Zoeglings Toerless》의 주인공은, 무질의 박사 학위 논문 주제였던 '세계의 과학적 읽기'의 의미에 대해서 격론을 벌입니다. 대표작 《특성 없는 남자Der Mann ohne Eigenschaften》에도 동일한 문제의식이 침투해 있고요. 소설의 첫 쪽부터 맑은 날에 대한 과학적이면서도 일상적인 교묘한 이중 묘사로 시작됩니다. [82]

마흐가 물리학 혁명에 미친 영향은 대체로 개인적인 관계를 통한 것이었습니다. 마흐는 하이젠베르크와 함께 철학을 논했던 볼프강 파울리의 대부였고 파울리 아버지의 오랜 친구였습니다. 마흐는 슈뢰딩거가 가장 좋아했던 철학자였습니다. 취리히에서 아인슈타인의 친구이자 학우였던 프리드리히 아들러Friedrich Adler는 오스트리아 사회민주당 공동 창당자의 아들로, 마흐와 마르크스karl Marx의 사상을 융합하려 했습니다. 아들러는 훗날 사회민주노동당의 지도자가 되었고, 오스트리아의 1차 세계대전 참전에 항의하여 오스트리아 총리 카를 폰 슈튀르크Karl Graf von Stürgkh의 암살에 가담했으며, 감옥에서 책을 한 권 집필하는데, 그것이 바로 마흐에 관한 책이었습니다. [83]

요컨대 에른스트 마흐는 과학, 정치, 철학, 문학 사이의 인상적인 교차로에 서 있는 인물이었습니다. 오늘날 자연과학과 인문학과 문학을 서로 통할 수 없는 영역이라고 여기는 사람들이 있는 걸 생각하면….

마흐가 논쟁의 주요 타깃으로 삼은 것은 18세기 기계론이었습니다. 즉, 모든 현상은 공간 속을 이동하는 물질 입자에 의해 발생한다는 생각이죠. 마흐는 과학이 발전하면서 '물질'이라는 **이** 개념이 정당하지 않은 '형이상학적' 가정이라는 사실이 밝혀졌다고 주장합니다. 기계론적 물질관은 한동안 유효한 모델이었지만, 그것이 형이상학적 선입견이 되지 않도록 우리는 거기서 벗어나는 법을 배워야 한다는 것이었습니다. 마흐는 "과학"은 **모든** '형이상학적' 가정으로부터 자유로워져야 한다고 주장합니다. 지식은 오로지 '관찰 가능한 것'에만 근거해야 한다고 합니다.

뭔가 떠오르지 않나요? 바로 이것이 하이젠베르크가 헬골란트 섬에서 착상한 마법 같은 작업의 시작점에 있는 아이디어입니다. 하이젠베르크의 논문은 다음과 같이 시작됩니다.

"이 연구의 목적은 원칙적으로 관찰 가능한 양들 사이의 관계에만 기초한 양자역학 이론의 토대를 마련하는 것이다."

마흐의 말을 거의 인용한 것이라 해도 과언이 아니죠.

물론, 지식은 경험과 관찰에 근거해야 한다는 생각이 마흐에서 시작된 것은 아닙니다. 이는 고전적 경험론의 전통이며, 아리스토텔레스까지는 아니더라도 로크Locke나 흄Hume까지 거슬러 올라갑니다. 그러나 인식의 주체와 지식의 대상 사이에 주목하고, 세계를 '있는 그대로' 알 수 있는지를 의심한 결과, 위대한 독일 관념론에서는 인식의 주체가 철학의 중심이 되었습니다. 과학자인 마흐는 주체에서 경험 자체로 관심의 초점을 옮겨, 그것을 '감각'이라 부릅니다. 그리고 과학적 지식이 경험에 근거해 어떻게 성장하는지를 구체적으로 연구합니다. 그의 가장 유명한 저서는 역학의 발전사를 조사한 것입니다.[84] 마흐의 해석에 따르면, 역학은 감각으로 밝혀진 운동에 대해 가장 경제적인 방식으로 종합하려는 시도입니다.

마흐는 **감각 너머**에 있는 가상의 실재를 추론하거나 추측하는 것으로 지식을 얻을 수 있다고 생각하지 않았습니다. 우리가 감각들을 효율적으로 조직화하려는 시도야말로 지식이라고 생각했습니다. 마흐가 보기에, 우리가 관심을 갖는 세계는 감각으로 구성되어 있습니다. 감각들의 '배후'에 있는 것에 관한 그 어떤 가정도 모두 '형이상학'으로 의심받습니다.

하지만 마흐의 '감각'이라는 개념에는 애매한 면이 있습니다. 약점이기도 하고 강점이기도 한데, 마흐는 신체적 감각의 생리학에서 가져온 이 개념을 **심리적 영역과 독립된** 보편적인 것으로 만듭니다. 또한 그는 (불교 철학의 '다르마'와 비슷한 의미에서) '요소'라는 용어를 사용합니다. '요소'는 단순히 인간이나 동물이 경험하는 감각이 아니라, 우주에서 나타나는 모든 현상을 의미합니다. '요소'는 독립적인 것이 아니라, 마흐가 '함수'라고 불렀던 관계로 연결되어 있으며, 과학은 그 관계를 연구합니다. 다소 부정확하기는 하지만, 마흐의 철학은 공간 속을 움직이는 물질의 역학을 요소와 함수의 일반 집합으로 대체한 진정한 자연 철학이었습니다.[85]

이는 철학적으로 매우 흥미로운 입장입니다. 여기서는 현상 뒤에 있는 실재에 대한 가설도, 경험하는 주체의 실재에 대한 가정도 모두 제거됩니다. 마흐에게 물리적 세계와 정신적 세계 사이에 구별은 존재하지 않습니다. '감각'은 물리적인 동시에 정신적입니다. 그것이 실재인 것이죠. 버트런드 러셀Bertrand Russell은 같은 생각을 이렇게 설명합니다.

"세계를 구성하는 원재료는 정신과 물질이라는 두 종류가 있는 것이 아니다. 단지 상호 관계에 따라 서로 다른 패턴으로 배치되어 있을 뿐이며, 그중 어떤 구조는 정신적이라고 부르고 다른 구조는 물리적이라고 부른다."[86]

현상 뒤에 물질적 실체가 있다는 가설은 사라지고, 인식하는 정신이라는 가설도 사라집니다. 마흐에게 지식은 관념론의 '주체'가 소유하는 것이 아니라, 구체적인 인간 활동입니다. 역사의 흐름 속에서, 자신이 상호작용하고 있는 세계의 사실을 점점 더 잘 조직하는 법을 배우는 활동인 것입니다.

이러한 역사적이고 구체적인 관점은 마르크스나 엥겔스Friedrich Engels의 사상과 쉽게 공명합니다. 마르크스와 엥겔스에게도 지식은 구체적인 인간 역사의 일부이기 때문이죠. 지식은 비역사적 성격과 절대성에 대한 야심, 확실성의 허울을 모두 벗고, 이 행성에 살고 있는 인간의 생물학적, 역사적, 문화적 진화의 구체적인 과정 속으로 내려옵니다. 그것은 생물학적이고 경제적인 관점에서 해석되어, 세계와 우리의 상호작용을 단순화하는 도구가 됩니다. 마흐에게 지식이란 자연에 대한 과학을 의미하지만, 그의 관점은 변증법적 유물론의 역사주의와 멀리 떨어져 있지 않습니다. 실제로 마흐의 생각과 마르크스-엥겔스의 사상 사이의 일치점은 보그다노프에 의해 더욱 발전되어, 혁명 직전의 러시아에 널리 받아들여졌습니다.

레닌은 이에 대해 날카롭게 반응했습니다. 《유물론과 경험비판론》에서 레닌은 마흐와 그의 러시아 제자들을 맹렬히 공격하고, 암묵적으로 보그다노프를 비난합니다. '반동적인' 철학을 하고 있다고 규탄하면서, 최악의 모욕을 가합니다. 결국 보그다노프는 1909년 볼셰비키의 지하신문인 《프롤레타리아The Proletarion》의 편집위원회에서 제명되었고, 곧이어 당 중앙위원회에서도 축출되고 맙니다.

레닌의 마흐 비판과 이에 대한 보그다노프의 대응은 우리에게도 흥미롭습니다.[87] 레닌이 그 유명한 레닌이기 때문이어서가 아니라, 그의 비판이 양자론을 이끌어낸 발상에 대한 자연스러운 반응이기 때문입니다. 우리에게도 그와 동일한 비판은 자연스러운 것이며, 레닌과 보그다노프 사이의 논쟁점은 오늘날의 철학에서도 다시 등장하여 양자론의 혁명적 가치를 이해하는 열쇠가 됩니다.

ħħ

레닌은 보그다노프와 마흐를 '관념론자'라고 비난합니다. 레닌에 따르면, 관념론자는 정신 바깥에 실제 세계가 존재한다는 것을 부정하고 실재를 의식의 내용으로 환원합니다.

레닌은 "감각만이 존재한다면 외부의 실재는 존재하지 않게 되며, 우리는 감각을 지닌 자신만이 존재하는 유아론적 세계에 살게 된다"고 주장합니다 내가 나 자신이라는 주체를 유일한 실재로 여긴다는 것이죠. 레닌은 이러한 관념론을 혁명의 적인 부르주아계급의 이데올로기적 표현이라고 여깁니다. 그리하여 인간과 그의 의식과 정신을 (공간 속에서 움직이는 물질로만 이루어진) 구체적이고 객관적이며 인식 가능한 세계의 한 측면으로 보는 유물론을, 관념론에 대치시킵니다.

그의 공산주의를 어떻게 평가하든, 레닌은 의심할 여지 없이 뛰어난 정치가였습니다. 철학과 과학 문헌에 대한 그의 지식도 매우 인상적입니다. 만약 오늘날 우리가 그처럼 교양 있는 정치인을 뽑는다면, 아마도 더 효과적인 정치를 할지도 모르겠습니다. 그러나 철학자로서 레닌은 그다지 훌륭하지 않았습니다. 그의 철학 사상이 영향력을 가질 수 있었던 것은 그의 논증에 깊이가 있었기 때문이라기보다는 그가 정치계를 오랫동안 지배했기 때문이었습니다. 마흐가 더 높이 평가받을 자격이 있죠.[88]

보그다노프는 레닌의 비판이 핵심을 놓쳤다고 반박합니다.

"마흐의 사상은 관념론이 아니며, 유아론은 더더욱 아니다. 인식하는 인간은 고립된 초월적 주체가 아니며 관념론의 철학적인 '나'가 아니다. 그는 현실적이고 역사적인 인류이며 자연계의 일부인 것이다. '감각'은 '정신 속'에 있는 것이 아니다. 그것은 이 세계의 현상이다. 즉, 세계가 세계에 자신을 드러내는 형태인 것이다. 감각은 세계와 분리된 자아에 도달하는 것이 아니다. 그것은 피부, 뇌, 망막 뉴런, 귀의 수용체에 도달하는 것이며, 이들은 모두 자연의 요소이다."

보그다노프는 그렇게 주장합니다.

레닌은 그의 책에서 '유물론'을 두고 "정신의 외부에 세계가 존재한다는 믿음"이라고 정의합니다.[89] 만일 이 것이 '유물론'의 정의라면 마흐는 확실히 유물론자이고, 우리 모두도 유물론자고 교황도 유물론자일 것입니다. 그런데 레닌은 한 가지 형태의 유물론만 허용합니다. 그것은 '세상에는 시간과 공간 속에서 움직이는 물질 외에는 아무것도 없다. 물질을 알면 우리는 '확실한 진리'에 도달할 수 있다'는 생각입니다. 보그다노프는 이러한 독단적인 주장의 **과학적** 약점과 **역사적** 약점을 지적합니다. 분명 이 세계는 우리의 정신 밖에 있지만, 소박한 유물론이 생각하는 것보다 훨씬 더 섬세하다는 것입니다. 세계가 인간의 정신 속에만 있다고 보는 관점과 세계가 공간 속에서 움직이는 물질 입자들로만 이루어져 있다고 보는 관점 사이의 양자택일이 아니라는 겁니다.

물론 마흐는 정신 외부에 아무것도 없다고 생각하지는 않았습니다. 오히려 그 반대로 그는 정신('정신'이 무엇이든 간에)의 바깥에 있는 것에 관심을 가졌습니다. 즉, 우리도 그 일부인 복잡다단한 자연에 관심을 가졌던 겁니다. 자연은 현상의 집합체로 나타나며, 마흐는 현상 자체를 연구할 것을 권장했습니다. 현상의 이면에 실재를 가정하는 것이 아니라, 현상을 설명하는 개념 구조를 종합적으로 구축하자는 것입니다.

마흐의 제안에서 가장 급진적인 부분은, 현상을 대상의 발현으로 생각하지 말고, 대상을 현상들의 연결 매듭으로 생각하자는 발상입니다. 이것은 레닌이 이해한 것과는 달리, 결코 의식의 내용에 대한 형이상학이 아닙니다. '사물 자체의 형이상학'에서 한 걸음 물러난 것입니다. 마흐는 "(기계론적) 세계 개념은 고대 종교의 애니미즘처럼 '기계론적 신화'로 보인다"고 혹평했습니다. [90]

아인슈타인은 거듭 자신이 마흐에게 많은 빚을 지고 있음을 인정했습니다.[91] 고정된 실제 공간이 존재하고 '그 안에서' 사물이 움직인다는 (형이상학적) 가정에 대한 비판이, 아인슈타인의 일반상대성이론의 문을 열었던 것입니다.

마흐는 과학이란, 현상을 조직화할 수 있게 해주는 한에서만 어떤 것을 실재로 받아들이는 것이라고 이해합니다. 그의 이런 과학관이 열어준 공간 속으로 하이젠베르크가 들어와, 전자에서 궤도를 벗겨내고 전자를 그 현상의 측면에서만 다시 해석했던 것입니다. 전자가 발현되는 면에서만 재해석한 것이죠.

바로 이 공간 속에서, 양자역학의 관계론적 해석의 가능성도 열립니다. 즉, 세계를 기술하는 데 사용되는 요소는 각 물리계의 절대적 속성이 아니라, 물리계들이 서로에게 나타나는 방식이라는 해석이 가능해진 것입니다.

보그다노프는 레닌이 '물질'을 절대적이고 비역사적인 범주로, 마흐가 말하는 '형이상학'의 범주로 만들었다고 비난합니다. 무엇보다 그는 엥겔스와 마르크스의 중요한 교훈을 레닌이 잊어버렸다며 비난합니다. 역사는 과정이고, 지식도 과정이라는 교훈을 말입니다. 보그다노프는 "과학적 지식은 성장하고 있으며, 우리 시대의 과학에 고유한 물질 개념도 지식의 길에서 중간 단계에 불과한 것으로 판명될 수 있다"고 말합니다. 세계의 실재는 18세기 물리학의 소박한 유물론보다 훨씬 더 복잡할 수 있다는 것입니다. 마치 예언과도 같은 말이죠. 몇 년 후 베르너 하이젠베르크에 의해 양자 수준의 실제로 가는 문이 열리게 되니까요.

레닌에 대한 보그다노프의 **정치적** 대응도 인상적입니다. 레닌은 절대적 확실성에 대해 이야기합니다. 마르크스와 엥겔스의 역사적 유물론을 마치 영원히 확립된 것처럼 제시하는 것이죠. 이에 대해 보그다노프는 그러한 이데올로기적 교조주의는 과학적 사고의 역동성을 잃게 될 뿐만 아니라 정치적 교조주의로 이어진다고 지적합니다. 보그다노프는 러시아 1차 혁명에 이은 격동의 시기에 그 혁명이 새로운 경제구조를 만들어 냈다고 주장합니다. 마르크스의 주장대로 문화가 경제구조의 영향을 받는다면, 혁명 이후의 사회는 새로운 문화를 낳을 수 있을 것이며, 그리고 그것은 더 이상 혁명 **이전에** 생각했던 소위 정통 마르크스주의일 수 없다고 말합니다.

보그다노프의 정치 프로그램은 권력과 문화를 민중에게 맡기고, 혁명의 꿈이 바라는 새롭고 집단적이며 관대한 문화를 육성하는 것이었습니다. 이에 반해 레닌의 정치 프로그램은 프롤레타리아를 **이끌** 혁명적 선봉대를 강화하는 것이었습니다. 보그다노프는 레닌의 교조주의가 혁명적 러시아를 얼어붙게 하여 더 이상 진화하지 않는 얼음덩어리로 만들어, 혁명의 성과가 질식되고 경화될 것이라고 예견합니다. 이 또한 참으로 예언적인 말이었죠.

ℏℏ

'보그다노프'는 가명입니다. 차르의 경찰로부터 몸을 숨기기 위해 사용했던 많은 가명 중 하나였죠. 본명은 알렉산드르 알렉산드로비치 말리노프스키Aleksandr Aleksandrovič Malinovskij입니다. 그는 시골 학교 교사의 가정에서 6남매 중 둘째로 태어났습니다. 전해지는 얘기에 따르면, 어려서부터 독립심이 강하고 반항적이었던 그는 생후 18개월 때 가족이 말다툼하던 중에 처음으로 말

을 했는데, 그 말은 "아빠는 바보야!"였다고 합니다.[92]

(바보가 아니었던) 아버지는 더 큰 학교가 있는 마을의 물리학 교사로 승진했는데, 그 덕분에 어린 알렉산드르는 도서관과 초보적인 물리학 실험실을 드나들 수 있게 되었습니다. 그는 장학금을 받고 김나지움에 다니기 시작했는데, 후에 그는 "선생들의 편협한 정신과 악의 덕분에, 나는 권력자를 불신하고 모든 권위를 거부하는 법을 배웠다"고 회고합니다.[93] 몇 살 아래인 아인슈타인의 발전을 이끈 것도, 권위에 대한 이러한 본능적인 혐오감이었죠.

김나지움을 우수한 성적으로 졸업한 보그다노프는 자연과학을 공부하기 위해 모스크바 대학에 진학했고, 먼 지방에서 온 학우들을 지원하는 학생 조직에 가입합니다. 그때부터 정치 활동에 참여하기 시작했고, 여러 차례 체포됩니다. 칼 마르크스의 《자본론》을 러시아어로 번역하고, 정치적 선전 활동에 참여했으며, 노동자를 위한 경제학 교양서를 집필하기도 합니다. 우크라이나의 대학에서 의학을 공부하다가 또다시 체포되어 추방되었고, 결국 취리히에서 레닌을 만나게 됩니다. 그리고 볼셰비키 운동의 지도자 중 한 사람이 되는데, 실제로는 레닌에 이어 2인자가 됩니다. 하지만 레닌과의 논쟁 이후 지도부와 거리를 두게 되고, 혁명 이후에는 권력 중심에서 멀어집니다. 그럼에도 보그다노프는 여전히 폭넓은 존경을 받았고, 문화와 윤리, 정치에서 강력한 영향력을 발휘했습니다. 1920년대부터 30년대까지 혁명의 성공을 볼셰비키의 독재로부터 지키려는 지하 '좌익' 반대파의 대표적 인물로 있었지만, 이 저항도 결국 스탈린Joseph Stalin에 의해 무참히 짓밟히고 말았습니다.

보그다노프의 이론적 업적의 핵심은 '조직화organizzazione'라는 개념입니다. 사회생활은 집단적 노동의 조직화이고, 지식은 경험과 개념의 조직화입니다. 우리는 실재를 어떤 조직화, 구조라고 볼 수 있습니다. 보그다노프가 제시한 세계관은 점점 더 복잡한 형태의 조직화의 측면에서 이해할 수 있습니다. 직접적으로 상호작용하는 극히 작은 요소에서 시작해, 생명체 내의 물질 조직화, 개인 안에서 조직화되는 개별 경험들의 생물학적 발전, 그리고 집단적으로 조직화된 경험인 과학적 지식까지 조직화의 규모가 커져가는 것입니다. 잘 알려져 있지 않지만, 이러한 발상은 노버트 위너Norbert Wiener의 사이버네틱스와 루트비히 폰 베르탈란피Ludwig von Bertalanffy의 시스템 이론을 통해 현대 사상에 깊은 영향을 미쳤습니다. 실제로 그 영향은 사이버네틱스의 탄생과 복잡계 그리고 오늘날의 구조적 실재론에까지 미치고 있습니다.

소비에트연방이 성립되자 보그다노프는 모스크바 대학 경제학 교수이자 공산주의 아카데미의 수장이 되었으며, 공상과학 소설 《붉은 별Red Star》을 출간해 큰 성공을 거두었습니다. 이 소설은 남성과 여성의 모든 차별이 사라진 화성의 자유주의적 유토피아 사회를 묘사한 작품입니다. 이 사회에서는 경제 관련 데이터가 효율적인 통계장치로 처리되어 각 산업체는 무엇을 생산해야 하는지 정확히 알 수 있고, 실업자는 어느 공장에서 일자리를 찾을 수 있는지 정확히 알 수 있으며, 모든 사람이 자유롭게 생활 방식을 선택할 수 있습니다.

보그다노프는 프롤레타리아 문화의 거점을 조직하는 데 힘썼습니다. 경쟁이 아니라 연대에 기반하여 서로를 지원함으로써 새로운 문화가 자율적으로 꽃피울 수 있는 장을 만들고자 한 것입니다. 레닌에 의해 이 활동에서조차 배제되자 그는 의학에 전념하기로 합니다. 그는 의사 훈련을 받아 1차 세계대전 당시 최전선에서 의사로 복무했고, 1926년에는 모스크바에 의학 연구소를 설립해 수혈 기술 분야의 선구자가 되었습니다. 그의 혁명적 집단주의 이념으로 볼 때, 수혈은 인간이 함께 나누고 협력할 수 있는 가능성을 상징하는 것이었습니다.

의사, 경제학자, 철학자, 자연과학자, 공상과학소설 작가이자 시인, 교사, 정치가, 사이버네틱스와 조직 과학의 선구자, 수혈의 선구자이자 평생 혁명가였던 알렉산드르 보그다노프는 20세기 초 지성계에서 가장 복잡하고 매력적인 인물이었습니다. 철의 장막의 어느 쪽에서도 받아들이기에는 너무 급진적이었던 그의 사상은 보이지 않게 서서히 퍼져나갔습니다. 레닌의 비판을 불러일으킨 그의 세 권짜리 저작 《경험일원론 Empiriomonizm》의 영어 번역본은 2019년에 와서야 비로소 출간되었습니다. 흥미롭게도 그의 자취는 문학에서 더 많이 찾을 수 있습니다. 우밍Wu ming의 소설 《프롤레트쿨트Proletkult》와,[94] 킴 스탠리 로빈슨Kim Stanley Robinson의 장대한 3부작 《붉은 화성Red Mars》, 《녹색 화성Green Mars》, 《푸른 화성Blue Mars》에 등장하는 위대한 인물 아르카디 보그다노프Arkady Bogdanov는 그에게서 영감을 받은 것입니다. [95]

나눔의 이상에 충실했던 알렉산드르 보그다노프는 믿을 수 없는 죽음을 맞이합니다. 결핵과 말라리아에 걸린 청년을 치료하기 위해 자신의 피와 환자의 피를 교환하는 과학 실험을 하다가 숨진 것입니다.

마지막 순간까지 실험하는 용기, 나누는 용기, 형제애의 꿈, 그것이 보그다노프라는 사람이었습니다.

실체 없는 자연주의 : 맥락성

본론에서 잠시 벗어났었네요. 하지만 마흐가 제시한 시각 덕분에 하이젠베르크가 결정적인 발걸음을 내디딜 수 있었던 셈이니, 양자론을 통해 발견한 세계를 이해하는 데 필요한 이야기였습니다. 레닌과 보그다노프 사이의 논쟁은 오해가 어디서 비롯되는지를 잘 보여주고 있죠.

마흐가 주장한 '반형이상학적' 정신은 열린 자세입니다. "세계가 어떤 곳인지 세계에게 가르치려고 해서는 안 된다, 세계에 귀를 기울이고, 세계에 대해 생각하는 방법을 세계로부터 배워야 한다"는 것입니다.

아인슈타인이 양자역학에 반대하며 "신은 주사위 놀이를 하지 않는다"고 했을 때, 보어는 "신에게 이래라저래라 명령하지 말라"고 응수했습니다. 비유를 풀어보면, 자연은 우리의 형이상학적 편견보다 훨씬 더 풍부하다, 자연의 상상력은 우리보다 더 자유롭다는 것입니다.

양자론을 유난히 예리하게 검토한 철학자인 데이비

드 앨버트David Albert가 한번은 저에게 이렇게 물은 적이 있습니다.

"카를로, 실험실에서 금속과 유리 조각을 가지고 한 실험이, 세계의 구조에 대한 우리의 가장 뿌리 깊은 형이상학적 믿음을 의심하게 할 만큼 큰 무게를 가질 수 있다고 생각합니까?"

이 물음은 오랫동안 저를 괴롭혀왔습니다. 하지만 결국 그 대답은 간단한 것 같습니다.

"'우리의 가장 뿌리 깊은 믿음'이란 도대체 무엇인가요? 그것은 우리가 돌멩이와 나무 조각을 다루면서 사실이라고 믿는 데 그저 익숙해진 것 아닌가요?"

실재의 모습에 대한 우리의 편견은 경험의 결과입니다. 하지만 우리의 경험은 제한되어 있죠. 과거에 우리가 해왔던 일반화를 절대적 진리로 삼아서는 안 됩니다. 영국 작가 더글러스 애덤스Douglas Adams는 그 특유의 아이러니로 누구보다 이를 잘 표현합니다.

"우리가 중력의 깊은 우물 바닥에서, 9천만 마일 떨어진 핵 불덩어리(태양) 주위를 도는, 기체로 뒤덮인 행성 표면에서 살고 있으면서 이것을 '정상'이라고 여긴다는 사실을 생각하면, 우리의 관점이 얼마나 왜곡되기 십상인지를 잘 알 수 있다."[96]

우리가 더 많은 것을 알게 된다면, 우리의 협소한 형이상학적인 관점을 바꾸어야 합니다. 설령 실재의 모습에 대한 우리의 편견과 충돌하더라도, 세상에 대해 새로이 알게 된 사실을 진지하게 받아들여야 합니다.

저는 이것이야말로, 안다고 교만하지 않고 이성과 배움의 능력을 신뢰하는 태도라고 생각합니다. 과학은 진리의 담지자가 아니라, 진리의 담지자 같은 것은 **없다**는 자각 위에 놓여 있습니다. 배움의 가장 좋은 길은, 세계를 이해하려고 노력하고, 자신이 발견한 것에 맞춰 자신의 정신적 틀을 재조정하면서 세계와 상호작용하는 것입니다. 과학을 세계에 대한 지식의 원천으로 존중하는 이러한 태도는, 윌러드 콰인Willard Quine과 같은 철학자들의 급진적 자연주의로 발전했습니다. 우리의 지식 자체도 수많은 자연적 과정 중의 하나이며 자연의 일부로서 연구되어야 한다는 것입니다.

제2부에서 소개한 양자역학의 이른바 '해석들'은 대부분 양자역학이 발견한 사실들을 형이상학적 편견의 틀 안에 억지로 집어넣으려는 것처럼 보입니다. "세계가 결정론적이고 미래나 과거는 세계의 현재 상태에 따라서 하나로 정해져 있다고 확신하는가? 그렇다면 설령 관찰할 수 없더라도, 과거와 미래를 결정하는 양을 덧붙이자. '양자 중첩'의 구성 요소 중 하나가 사라진다는 것이 왠지 마뜩잖은가? 그렇다면 이 구성 요소가 숨어들어 있는 보이지 않는 평행우주를 추가하자" 등등과 같은 식이죠. 그러나 저는 철학을 과학에 맞춰야

지 그 반대는 아니라고 생각합니다.

ħħ

닐스 보어는 양자론을 세운 청년 개혁가들의 정신적 아버지였습니다. 그는 하이젠베르크에게 문제에 전념하도록 권하고, 함께 원자의 수수께끼를 파헤쳤습니다. 그리고 하이젠베르크와 슈뢰딩거의 싸움도 중재했습니다. 나중에 전 세계 물리학 교과서에 실리게 된 이론에 대한 사고방식을 공식화한 것도 보어였습니다. 그는 아마도 이 이론이 의미하는 바를 이해하기 위해 그 누구보다 열심히 노력한 과학자였을 것입니다. 양자론의 합리성을 둘러싸고서 아인슈타인과 수년간 전설적인 논쟁을 벌였고, 그 덕분에 이 두 거인이 서로의 입장을 명확히 밝히고 또 양보도 하게 된 것이었죠.

아인슈타인은 양자역학이 이 세계를 이해하는 데 한 걸음 더 나아갔다는 사실을 인정했습니다. 하이젠베르크와 보른과 요르단을 노벨상 수상자로 추천한 사람도 아인슈타인이었죠. 그러나 그는 그 이론이 취하는 형식에 대해서는 납득하지 않았습니다. 그는 이 이론이 일관성이 없고, 믿을 수 없으며, 불완전하다고 여러 차례 비난했습니다.

보어는 아인슈타인의 비판에 맞서 양자론을 방어했

습니다. 때로는 옳은 방식으로 방어했고, 때로는 논쟁에서 이기기 위해 잘못된 논거를 대기도 했습니다.[97] 보어의 생각은 명확하지 않았고 항상 약간 모호한 면이 있었습니다. 그러나 그의 통찰은 매우 예리했고 현재 우리가 이해하고 있는 많은 부분이 보어의 도움으로 구축되었다고 할 수 있습니다.

이미 언급한 바 있지만, 보어의 핵심 통찰은 다음과 같은 보고에 요약되어 있습니다.

"고전 물리학에서는 물체와 측정기 사이의 상호작용을 무시할 수 있거나, 필요한 경우 고려하여 상쇄할 수 있지만, 양자 물리학에서는 이러한 상호작용이 현상의 불가분한 일부가 된다. 따라서 양자적 현상에 대한 명확한 기술에는 원리상 실험 구성과 관련된 모든 측면에 대한 기술이 포함돼야 한다."[98]

이 말은 양자역학의 관계론적인 측면을 포착하고 있지만, 실험실에서 측정기로 측정된 현상이라는 한정된 영역에서 한 말입니다. 그렇기 때문에, 측정기를 사용하는 특별한 관찰자가 있는 상황에 대해서만 이야기하고 있다고 오해할 수 있을 것입니다. 그러나 인간이, 그의 정신이, 또는 인간이 사용하는 수數가 자연의 문법에서 특별한 역할을 한다고 생각하는 것은 터무니없는 일입니다.

우리는 보어의 이 구절에, 한 세기 동안 이론이 성공적으로 성장해오며 갖게 된 인식을 덧붙일 필요가 있습니다. 즉, 자연 **전체**가 양자적이며 측정기가 있는 물리 실험실에는 아무런 특별한 것이 없다는 인식입니다. 실험실에만 양자 현상이 있는 것도 아니고 모든 곳이 비양자 현상인 것도 아닙니다. 모든 현상이 궁극적으로 양자적 현상인 것입니다. 보어의 직관을 모든 자연현상으로 확장하면 다음과 같이 됩니다.

> "이전에는 모든 대상의 속성은 그 대상과 다른 대상과의 상호작용을 무시하더라도 결정된다고 생각했지만, 양자역학은 상호작용이 현상의 불가분한 부분이라는 것을 보여준다. 어떤 현상을 명확하게 기술하려면, 그 현상이 발현되는 상호작용에 관여하는 모든 대상을 포함할 필요가 있다."

이는 급진적이지만 분명한 말입니다. 현상은 자연계의 한 부분이 자연계의 다른 부분에 작용한 것입니다. 이 발견을 우리의 정신과 관련된 무언가와 혼동한 것이 레닌의 실수였습니다. 마흐와의 논쟁에서 레닌은 이원론자였고, 현상을 초월적 주체와 연관된 것으로밖에는 생각하지 못했던 것입니다.

여기에는 정신이 끼어들 여지가 없습니다. 이 이론에서 특별한 '관찰자'는 아무런 실질적인 역할을 하지 않습니다. 핵심은 더 단순합니다. 우리는 대상의 속성을 그 속성이 나타나기 위해 상호작용하는 상대 대상으로부터 분리할 수 없는 것입니다. 대상의 모든 속성(변수)은 궁극적으로 다른 대상과 관련해서만 존재하는 것이죠.

'맥락성contextuality'은 양자 물리학의 이러한 중심적인 측면을 나타내는 기술적 명칭입니다. 즉, 사물은 맥락 속에 존재합니다.

모든 상호작용에서 벗어나 고립된 대상은 그 어떤 특정 상태도 갖지 않습니다. 기껏해야 우리는 이렇게 저렇게 발현될 수 있는 일종의 확률적 성향이 그 대상에 있다고 생각할 수 있을 뿐입니다.[99] 그러나 그것조차도 미래 현상에 대한 예상이나 과거 현상에 대한 반영일 뿐이며, 어떤 경우에도 항상 다른 대상에 상대적입니다.

그리하여 우리는 과격한 결론에 이르게 됩니다. 이 세계가 속성을 지닌 실체로 이루어져 있다는 생각을 뛰어넘어, 모든 것을 관계의 관점에서 생각해야만 한다는 것입니다.[100]

저는 이것이 바로 양자론을 통해 우리가 세계에 관해 발견하게 된 사실이라고 믿습니다.

나가르주나

양자역학의 핵심적 발견을 이렇게 이해하는 방식은 하이젠베르크와 보어의 독창적인 통찰에 뿌리를 두고 있지만, 1990년대 중반 '양자역학의 관계론적 해석'이 등장하면서 더욱 명확해지기 시작했습니다.[101] 이에 대해 철학계는 다양한 방식으로 반응해왔습니다. 여러 학파가 서로 다른 철학 용어를 사용하여 이러한 해석을 설명하려고 시도했죠. 뛰어난 현대 철학자 중 한 명인 바스 반 프라센Bas van Fraassen은 '구성적 경험론'의 틀 안에서 이를 날카롭게 분석했습니다.[102] 미셸 비트볼Michel Bitbol은 신칸트주의적 독해를 내놓았습니다.[103] 프랑수아-이고르 프리François-Igor Pris는 맥락적 실재론의 관점에서 이 해석을 읽어냈습니다.[104] 피에르 리베Pierre Livet는 과정의 존재론이라는 관점에서 읽었습니다.[105] 마우로 도라토Mauro Dorato는 다양한 철학적 측면을 분석한 논문에서,[106] 실재는 구조로 이루어져 있다는 구조적 실재론에 이 해석을 편입시켰습니다.[107] 라우라 칸디오토Laura Candiotto는 탁월한 논증으로 같은 논제를 옹호했습니다.[108]

여기서는 현재 철학의 여러 학파 사이에서 진행되고 있는 논쟁을 다루지는 않겠습니다만, 몇 가지 힌트를 덧붙인 뒤 한 가지 개인적인 이야기를 들려드리고 싶습니다.

절대적이라고 생각했던 양이 사실은 상대적이었다는 발견은 물리학의 역사를 관통하는 주제입니다. 갈릴레이가 논의한 속도의 상대성이 그 대표적인 예입니다. 아인슈타인의 발견도 같은 맥락이죠. 전기장과 자기장의 차이도 우리가 어떻게 움직이느냐에 따라 달라지기에 상대적입니다. 전위의 값은 다른 곳의 전위에 상대적이죠.

관계적 사고는 물리학뿐만 아니라 모든 과학에서 찾아볼 수 있습니다. 생물학에서 생명 시스템의 특성은 다른 생명체들에 의해 형성되는 환경과의 관계에서 이해됩니다. 화학에서 원소의 속성이란 다른 원소들과 상호작용하는 방식입니다. 경제학에서는 경제적 관계에 대해 이야기합니다. 심리학에서 개인의 성격은 관계적 맥락 속에서 존재합니다. 이러한 경우들과 그 밖의 많은 경우에서 우리는 사물(생물학적 생명, 정신적 생명, 화학적 화합물 등)을 다른 사물과의 **관계 속에서** 이해합니다.

서양 철학사에서는 실재의 토대로 간주되는 '실체' 개념에 대해 거듭 비판이 제기되어왔습니다. 헤라클레

이토스Heraclitus의 "모든 것은 흐른다Panta rhei"에서 오늘날 관계 형이상학에 이르기까지, 아주 다양한 철학적 전통에서 비판이 발견됩니다.[109] 2019년만 해도,《관점의 형이상학에 대한 형식적 접근》[110]과 《관점 상대주의: 관점 개념에 기초한 인식론적 상대주의에 대한 새로운 접근》과 같은 철학서들이 출간되었습니다.[111]

분석 철학에서 구조적 실재론[112]은 관계가 대상보다 우선한다는 생각에 기초하고 있습니다. 예를 들어, 래디먼Ladyman에게 세계를 이해하는 가장 좋은 방법은, 관계 맺는 대상은 없고 관계들만 있는 집합으로 세계를 생각하는 것입니다.[113] 미셸 비트볼은 신칸트주의적 관점에서《세계의 안쪽에서: 관계의 철학과 과학을 위하여》를 썼습니다.[114] 이탈리아에서는 라우라 칸디오토Laura Candiotto가 자코모 페차노Giacomo Pezzano와 함께 《관계의 철학》이라는 제목의 저작을 출간했습니다.[115]

하지만 이 아이디어는 오래된 것입니다. 서양에서는 이미 플라톤Platon의 마지막 대화편들에서도 찾아볼 수 있죠.《소피스트Sophist》에서 플라톤은 시간을 초월한 이데아도 현상적 실재와 관련되어야 의미가 있다는 사실을 생각하고, 대화의 중심인물인 '엘레아에서 온 손님'의 입을 통해 완전히 관계적으로 (그리고 지극히 엘레아학파답지 않게) 실재에 대한 정의를 내립니다.

"그러므로 나는 본성이 어떻건 다른 것에 작용할 수 있거나 조금이라도, 아무리 사소한 것에 의해서라도, 단 한 번만이라도 작용을 받는 것은 그것만으로도 참으로 실재하는 것이라고 말한다. 그러므로 나는 존재에 대한 다음과 같은 정의를 제안한다. 존재는 작용 δύναμις일 뿐이라고."[116]

흔히 그렇듯 플라톤이 이 한 문장으로 이미 할 말을 다 했다고 생각하는 사람이 있을지도 모르겠지만….

이렇게 단편적으로 짧게 훑어보기만 했어도, 세계를 구성하는 것은 사물이 아니라 관계와 상호작용이라는 생각이 어떻게 거듭되어왔는지 충분히 알 수 있을 것입니다.

ħħ

여기 눈앞에 보이는 의자를 예로 들어보겠습니다. 이 의자는 실재하고 실제로 내 앞에 있다는 것은 의심할 여지가 없습니다. 그런데 이 전체가 하나의 대상, 실체, 의자, 실재한다는 것은 정확히 무엇을 의미하는 걸까요?

의자의 개념은 기능에 의해 정의됩니다. 사람이 앉을 수 있도록 만들어진 가구라는 것이죠. 그것은 앉는 인간을 전제로 합니다. 그것은 의자 그 자체에 관한 것이 아니라, 우리가 의자를 어떻게 생각하는지에 관한 것이죠. 물론 의자가 명백한 물리적 특성, 색깔, 경도 등을 가진 물체로써 존재한다는 사실에는 변함이 없습니다.

이러한 특성들은 다른 한편으로는 우리와도 상대적입니다. 색은 의자 표면에서 반사된 빛의 진동수가 망막의 특정 수용체와 만나면서 생겨납니다. 대부분의 다른 동물은 우리처럼 색을 보지 못하죠. 의자가 방출하는 진동수도 의자 원자의 역학과 원자를 비추는 빛의 상호작용으로 생긴 것입니다.

하지만 의자는 그 색깔과는 독립적인 대상입니다. 내가 이 의자를 움직이면 의자는 통째로 움직입니다. 사실 엄밀히 말하면 이 표현도 부정확합니다. 이 의자는 틀 위에 좌판이 얹혀 있고 틀을 들면 전체가 들리는 것입니다. 그것은 부품들의 결합체이죠. 무엇이 이 결합체를 하나의 대상, 하나의 통일체로 만들어주는 걸까요? 바로 이 전체가 우리를 위해 하는 역할입니다.

외부와의 관계, 특히 우리와 무관하게 의자 그 자체를 찾으려 해도, 그런 의자를 찾을 수는 없습니다.

이것은 신기한 일이 아닙니다. 세계는 독립적인 실체들로 나뉘어 있지 않습니다. 우리가 편의에 따라 여러 사물로 나누어놓았을 뿐이죠. 산맥은 개별 산으로 나뉘어 있는 것이 아니라, 우리가 부분이라 느끼는 대로 나눈 것입니다. 어머니는 아이가 있기 때문에 어머

니이고, 행성은 항성 주위를 돌기 때문에 행성이고, 포식자는 먹이가 있기 때문에 포식자이고, 위치는 다른 어떤 것과의 관계에 의해서만 위치입니다. 시간조차도 관계에 의해 정의됩니다.[117]

이 모든 것이 새로운 이야기는 아닙니다. 그러나 물리학은 이러한 관계를 뒷받침할 수 있는 확고한 토대를 제공해야 한다는 요구를 받아왔습니다. 즉, 이 관계들의 세계를 떠받치는 근본적인 실재를 제공해야 하는 것이었죠. 고전 물리학은, 공간 속을 이동하는 물질이 일차적 성질(형태)을 갖고 그것이 이차적 성질(색)의 바탕이 된다는 발상으로 그러한 역할을 수행할 수 있을 것으로 보였습니다. 즉, 조합과 관계의 상호작용을 바탕으로, 그 자체로 존재하는 것으로 생각되는 세계의 제1성분을 제공할 수 있다는 것이었죠.

그러나 세계의 양자적 속성에 대한 발견은, 물리적 물질이 이러한 역할을 할 수 없다는 사실을 알려줍니다. 기초 물리학은 기본적이고 보편적인 문법을 기술하지만, 그것은 그 자신의 일차적 성질을 지닌 운동하는 단순한 물질로 이루어진 문법이 아닙니다. 세상에 스며 있는 맥락성은 이 기본 문법에까지 미칩니다. 우리는 그 어떤 기본적인 실체도 그것이 상호작용하는 대상의 맥락 없이는 기술할 수 없는 것입니다.

이리하여 우리가 설 발판이 없어집니다. 명확하고 일

의적인 속성을 지닌 물질이 세계의 기본 실체가 아니라면, 그리고 인식의 주체도 자연의 일부라면, 무엇이 세계의 기본 실체일까요?

세계에 대한 우리의 개념을 어디에 고정시켜야 할까요? 어디서부터 시작해야 할까요? 무엇이 근본적인 토대일까요?

서양 철학의 역사는 근본적인 것이 무엇인가 하는 질문에 답하기 위한 시도였다고 할 수 있습니다. 물질, 신, 정신, 원자와 허공, 플라톤적 형상, 선험적 인식 형식, 주체, 절대 정신, 의식의 원초적 계기, 현상, 에너지, 경험, 감각, 언어, 검증 가능한 명제, 과학적 데이터, 반증 가능한 이론, 해석학적 순환, 구조… 근본적인 것에 대한 목록은 길지만, 모든 사람에게 받아들여진 것은 없었습니다.

'감각' 또는 '요소'를 토대로 삼으려는 마흐의 시도는 과학자와 철학자들에게 영감을 주었지만, 결국 여느 것과 마찬가지로 설득력이 없어 보입니다. 마흐는 형이상학에 반기를 들지만, 사실은 자신만의 형이상학을 공들여 만듭니다. 더 가볍고 유연하기는 해도 여전히 요소와 함수의 형이상학입니다. 현상의 실재론, 혹은 '실재론적 경험론'입니다.[118]

양자를 이해하기 위해 저는 철학자들의 텍스트를 헤매고 다녔습니다. 이 놀라운 이론이 제공하는 이상한 세계상을 이해하기 위한 개념적 기반을 찾으려 했던 것이죠. 아주 좋은 제안과 날카로운 비판들을 발견하긴 했지만, 완전히 납득할 만한 것은 없었습니다.

그러던 어느 날 저는 놀라운 텍스트를 만났습니다. 결론을 내릴 수 없는 이 장을 마무리하면서 그 만남에 대한 이야기를 하고자 합니다.

ℏℏ

그 글을 만난 것은 우연은 아니었습니다. 양자와 그 관계적 성질에 대해 이야기하다보면 "나가르주나 Nāgārjuna를 읽어봤나요?"라고 묻는 사람들을 때때로 만날 수 있었기 때문입니다.

나가르주나를 읽어 봤냐는 질문을 몇 번이나 받게 되자, 나는 그렇다면 한번 읽어보자고 마음먹었습니다. 서양에서는 잘 알려지지 않았지만 나가르주나는 결코 사소한 문헌이 아닙니다. 그것은 인도 철학의 초석 중 하나이며, 내가 그것을 몰랐던 것은 아시아 사상에 대한 서양인 특유의 한심한 무지 때문이었습니다. 이 책의 제목은 몹시 긴 인도 말 '물라마디야마카칼리카Mūlamadhyamakakārikā'인데, '근본중송根本中頌', '중관론송中觀論頌' 등 여러 가지로 번역됩니다. 나는 미국 분석 철학자의 주석이 달린 번역본으로 이 책을 읽었는데, [119] 깊은 인상을 받았습니다.

나가르주나는 2-3세기 사람입니다. 그의 저작에는 수많은 주석이 달려 있고 해석과 주해가 층층이 쌓여 있습니다. 이러한 고대 문헌이 흥미로운 것은 바로 여러 가지 읽기가 겹겹이 겹쳐 있어 우리가 풍부한 의미의 층을 접할 수 있기 때문입니다. 우리가 고대 문헌에 관심을 갖는 것은 저자가 원래 말하려던 것을 알고 싶어서가 아니라 그 문헌이 오늘날 우리에게 시사하는 바가 무엇인지를 알고 싶기 때문입니다.

나가르주나의 핵심 논지를 간단히 말하면, 다른 어떤 것과도 무관하게 그 자체로 존재하는 것은 없다는 것입니다. 이는 곧바로 양자역학과 공명을 일으킵니다. 물론 나가르주나는 양자에 대해 아무것도 몰랐고 알 수도 없었지만, 그런 건 아무래도 좋습니다. 중요한 것은 철학자들이 세상에 대한 독창적인 사고방식을 제공하고 있고, 그것이 우리에게 유용하다면 우리가 그것을 활용할 수 있다는 것입니다. 나가르주나가 제시하는 관점의 도움을 받으면, 우리가 양자 세계에 대해 좀 더 쉽게 생각할 수 있을지도 모릅니다.

아무것도 그 자체로 존재하지 않는다고 한다면, 모든 것은 다른 것에 의존하고 다른 것과의 관계에서만 존재합니다. 나가르주나가 독립된 존재는 있을 수 없다는 것을 설명하기 위해 사용한 전문용어는 '공空, śūnyatā,

순야타'입니다. 사물은 자립적인 존재가 아니라, 다른 어떤 것 덕분에, 다른 것의 결과로서, 다른 것과 관련하여, 다른 것의 관점에서 존재한다는 의미에서 '비어 있다'는 것입니다.

소박한 예를 하나 들자면, 내가 흐린 하늘을 올려다보니 용과 성곽이 보인다고 해봅시다. 정말 하늘에 용과 성곽이 있을까요? 물론 아니죠. 성곽과 용은 내 머릿속의 생각과 감각이 구름의 모양과 만나서 생겨난 것이니까요. 그 자체로는 텅 빈 실체이며 거기에 존재하지 않는 것들입니다. 여기까지는 쉽죠. 그런데 나가르주나는 구름, 하늘, 감각, 생각 그리고 내 머리까지도 마찬가지로 다른 것들과의 만남에서 생겨난 것이라고 말합니다. 텅 빈 존재들이라는 겁니다.

그럼 하늘의 별을 보고 있는 나는 어떨까요? 나는 존재하는 걸까요? 아니요, 나도 존재하지 않습니다. 그러면 누가 별을 보고 있는 걸까요? 나가르주나는 아무도 없다고 말합니다. 별을 보는 것은 전체의 한 요소이며, 그것을 내가 관례적으로 나라고 부를 뿐인 것입니다.

"언어가 표현하는 것은 존재하지 않는다. 생각의 영역은 존재하지 않는다."[120]

우리 존재의 참된 본질이라고 할 궁극적이거나 신비로운 본질은 존재하지 않습니다. '나'라는 것은 그것을 구성하는 광대하고 서로 연결된 현상들의 집합일 뿐이며, 각각은 다른 것에 의존하고 있습니다. 이리하여 주체와 의식에 대한 수백 년에 걸친 서양의 사변은 아침 공기에 닿은 서리처럼 사라져버립니다.

많은 철학과 과학이 그러하듯 나가르주나는 두 가지 층위를 구별합니다. 즉, 관점에 따라 모습이 바뀌는 관습적인 외관적 현실과, 궁극적인 실재의 구별입니다. 그러나 그는 이 구분을 뜻밖의 방향으로 가져갑니다. 궁극적 실재, 본질이 부재, 공이라는 것입니다. 없다는 것이죠.

모든 형이상학이 모든 것이 의존하는 본질, 모든 것이 그로부터 파생되어 나올 수 있는 시작점인 제1실체를 찾는다면, 나가르주나는 궁극적 실체, 시작점은… 없다고 말합니다.

서양 철학에서도 비슷한 방향을 조심스럽게 가리키는 직관들이 없는 것은 아니었습니다. 그러나 나가르주나의 관점은 철저합니다. 그는 관습적인 일상의 존재를 부정하지 않으며, 오히려 그것들을 여러 층위와 측면을 지닌 복잡한 그대로 긍정합니다. 그것은 연구되고, 탐구되고, 분석되고, 가장 기본적인 용어로 환원될 수도 있습니다.

그러나 나가르주나는 궁극적인 기층을 찾는 것은 의미가 없다고 말합니다. 예를 들어, 현대의 구조적 실재론과의 차이점도 분명해 보입니다. 나가르주나라면 '구조도 텅 비어 있다'라는 제목의 작은 장을 자신의 저서에 추가할 수 있을 것입니다. 구조는 다른 것을 조직하기 위해 설계된 한에서만 존재합니다. 나가르주나의 표현을 빌리자면, '그것들은 대상에 앞선 것도 아니고, 대상에 앞서지 않은 것도 아니며, 둘 다도 아니고, 둘 다 아닌 것도 아닌' 것입니다.*

이 세계가 환영幻影이라는 것, 즉 삼사라samsāra는 불교의 보편적 주제로, 이를 깨달음으로써 해방과 지복인 니르바나nirvāna에 도달합니다. 나가르주나에게 있어 삼사라와 니르바나는 같은 것, 둘 다 자신의 존재가 비어 있는 것입니다. 존재하지 않는 것이죠.

그렇다면 오직 공만이 실재일까요? 이것이 궁극적인 실재일까요? 아닙니다. 나가르주나는 책의 가장 아찔한 장에서 그렇지 않다고 말합니다. 모든 관점은 다른 것에 의존해서만 존재할 뿐 결코 궁극적인 실재가 아니며, 이것은 나가르주나의 관점에도 적용됩니다. 공 조차도 본질이 비어 있는 것이며, 그것마저도 관습적인 것입니다. 그 어떤 형이상학도 살아남지 못합니다. 공은 비어 있는 것입니다.

우리는 나가르주나에게서 양자의 관계성을 생각할 수 있는 강력한 개념적 도구를 얻을 수 있습니다. 그것

---

* 나가르주나 논증의 논리적 형식인 '사구부정四句否定'의 한 예.

은 자립적인 본질이 없어도 상호의존성을 생각할 수 있다는 것입니다. 사실, 상호의존성을 생각하려면 (이것이 나가르주나의 핵심 주장인데요) 자립적 본질 따위는 잊어버려야 합니다.

물리학은 오랜 시간에 걸쳐 물질, 분자, 원자, 장, 소립자 등 '궁극적 실체'를 추구해왔는데… 양자장 이론과 일반상대성이론의 관계적 복잡성이라는 암초에 걸려 난파되었습니다.

여기에서 빠져나올 수 있는 개념적 도구를, 고대 인도의 사상가가 우리에게 줄 수 있을까요?

우리는 항상 다른 사람으로부터, 우리와 다른 이들로부터 배웁니다. 수천 년에 걸쳐 끊임없이 대화를 해왔어도, 동양과 서양은 여전히 서로에게 할 말이 있을 수 있습니다. 최고의 결혼 생활이 그렇듯이 말이죠.

나가르주나 사상의 매력은 현대 물리학의 문제를 넘어섭니다. 그의 관점에는 어딘가 아찔한 구석이 있습니다. 그것은 고전적 철학이든 현대의 철학이든 최고의 서양 철학과 공명합니다. 흄의 급진적 회의주의와도, 잘못 제기된 질문의 가면을 벗기는 비트겐슈타인의 사상과도 공명합니다. 그러나 나가르주나는, 많은 철학들이 잘못된 출발점을 가정하는 바람에 결국에는 설득력이 없게 되는 그런 함정에 빠지지는 않는 것 같습니다. 그는 실재와 그것의 복잡성과 이해 가능성에 대해 이야기하지만, 궁극적인 토대를 찾겠다는 개념적 함정에 우리가 빠지지 않도록 막아줍니다.

나가르주나의 주장은 형이상학적으로 과도하지 않으며, 냉철합니다. 그는 모든 것의 궁극적인 토대가 무엇인가에 대한 질문은, 그저 말이 되지 않는 질문일 수 있음을 받아들입니다.

그렇다고 해서 탐구의 가능성이 닫히는 것은 아닙니다. 오히려 자유롭게 탐구할 수 있게 되죠. 나가르주나는 세상의 실재성을 부정하는 허무주의자도 아니고, 실재에 대해 아무것도 알 수 없다고 말하는 회의론자도 아닙니다. 현상의 세계는 우리가 탐구하면 할수록 더 잘 이해할 수 있는 세계입니다. 우리는 세계의 일반적인 특성을 찾을 수 있습니다. 그러나 그것은 상호의존성과 우연성의 세계이지, 어떤 '절대적인 것'으로부터 도출해낼 수 있는 세계가 아닙니다.

저는 인간이 무언가를 이해하려고 할 때 저지르는 가장 큰 실수 중 하나가, 확실성을 원한다는 것이라고 생각합니다. 지식에 대한 탐구는 확실성을 먹고 성장하는 것이 아니라, 확실성의 근본적인 부재를 먹고 성장합니다. 우리의 무지를 날카롭게 인식함으로써, 우리는 의심에 마음을 열고 더욱 더 잘 배울 수 있습니다. 이것이 바로 과학적 사고와 호기심, 반항, 변화에서 비롯된 생각의 힘입니다. 앎의 모험이 닻을 내릴 수 있는 철학적, 방법론적 초석이나 최종 고정점은 존재하지 않습니다.

나가르주나의 텍스트에 대해서는 다양한 해석이 존재합니다. 다양한 해석이 가능하다는 사실은, 고대 문헌이 가진 생명력과 우리에게 말을 건네는 능력을 증명하죠. 다시 말하지만, 우리의 관심사는 거의 2천 년전 인도의 한 수행승이 실제로 어떻게 생각했는지가 아닙니다. 우리가 관심을 갖는 것은 그가 남긴 글에 담긴 발상의 힘입니다. 즉, 여러 세대에 걸친 주석으로 풍부해진 이러한 발상이, 우리의 문화와 지식과 교차하면서 우리에게 얼마나 새로운 사고의 공간을 열어줄수 있는지에 관심이 있는 것입니다. 이처럼 문화란, 바로 경험과 지식 그리고 무엇보다도 교류를 통해 우리를 풍요롭게 하는 끝없는 대화입니다.

저는 철학자가 아니라 물리학자입니다. 미천한 기계공이죠. 나가르주나는 양자를 다루는 이 미천한 기계공에게, 물리적 대상이 그 발현과 상관없이 그 자체로 무엇인지 반드시 묻지 않고서도 물리적 대상의 발현에 관해서 생각할 수 있다고 가르칩니다.

그러면서도 나가르주나의 공空은 깊은 위안을 주는 윤리적 태도를 길러주기도 합니다. 우리가 자립적인 실체로 존재하지 않는다는 사실을 깨달음으로써 집착과 고통에서 벗어날 수 있게 도와주기 때문입니다. 인생은 무상하기 때문에, 절대적인 것은 없기 때문에, 삶은 의미가 있고 소중한 것입니다.

　인간인 나에게 나가르주나는 세상의 평온함과 가벼움, 아름다움을 가르칩니다. 우리는 이미지의 이미지일 뿐입니다. 실재는 우리 자신을 포함하여 얇고 연약한 베일일 뿐이며, 그 너머에는… 아무것도 없습니다.

VI

"자연에게는 해결된 문제다."

나는 생각이 어디에 깃들어 있는지,
그리고 새로운 물리학의 논란이
이 이 성가신 질문의 조건을 조금이나마
바꿀 수 있는지 묻고 싶다.

단순한 물질

"심신 문제가 우리에게 아무리 신비한 문제일지라
도 자연에게는 해결된 문제라는 것을 항상 기억해
야 한다."[121]

가끔 인터넷에서 '양자'라는 단어를 둘러싼 말도 안
되는 글들을 읽거나 듣는 데 몇 시간을 낭비하고 나면
기분이 우울해집니다. 양자 의학, 온갖 종류의 양자 전
체론, 신비적인 양자 영성주의 등 헛소리의 퍼레이드
가 계속해서 이어집니다.

가장 나쁜 것은 가짜 의학입니다. 가끔 걱정스러운
이메일을 받고는 합니다. "언니가 양자 의사에게 치료
를 받고 있는데 교수님, 어떻게 생각하세요?" 그러면 저
는 하루라도 빨리 언니를 안전한 곳으로 옮기라고 답합
니다. 의료 문제에 관해서는 법이 개입해야 합니다. 누
구나 원하는 대로 자신을 치료할 권리가 있지만, 생명
을 담보로 한 가짜 치료로 이웃을 속일 권리는 누구에
게도 없으니까요.

또 이런 메일도 받습니다. "이미 이 순간을 살았던 것 같은 느낌이 드는데 교수님, 양자 효과인가요?" 맙소사, 아닙니다! 우리의 기억과 생각의 복잡성이 양자와 무슨 관련이 있단 말입니까? 전혀, 전혀 상관없습니다! 양자역학은 초자연적 현상이나 대체 의학, 신비한 파동이나 진동과는 아무 관련이 없습니다.

물론 저도 기분 좋은 진동을 좋아합니다. 저도 어렸을 때는 긴 머리에 빨간 띠를 두르고 앨런 긴즈버그* 바로 옆에서 다리를 꼬고 앉아 '옴'을 읊은 적도 있습니다. 그러나 우리와 우주 사이의 미묘하고 복잡한 정서적 관계가 양자론의 ψ 파동과 관련이 있는 정도는, 바흐의 칸타타가 내 차의 기화기와 관련이 있는 정도일 겁니다.

이 세계는 바흐 음악의 마법, 기분 좋은 진동, 우리의 깊은 영적 삶을 낳을 수 있을 정도로 충분히 복잡하기 때문에, 굳이 이상한 양자를 들먹일 필요도 없습니다.

또는 반대로, 양자적 현실은 우리의 모든 심리적 현실과 영적 삶의 섬세하고 신비롭고 매혹적이며 복잡한 측면보다 훨씬 더 기묘하다고 할 수도 있습니다. 또한 저는 마음의 작용과 같이 우리가 거의 이해하지 못하는 복잡한 현상을 설명하기 위해 양자역학을 사용하려는 시도는 전혀 설득력이 없다고 생각합니다.

---

* 앨런 긴즈버그는Allen Ginsberg는 미국의 시인이자 반문화의 아이콘으로 '비트 세대'의 대표작가로 꼽힌다.

그러나 비록 일상의 직접적인 경험과는 거리가 멀다고 하더라도, 세계의 양자적 본질에 대한 발견은 너무 급진적이어서, 마음의 본질과 같은 큰 미해결 질문과 전혀 무관하다고 보기는 어렵습니다. 마음의 작용을 비롯한 우리가 아직 이해하지 못한 다른 현상들이 양자 현상이어서가 아니라, 양자의 발견으로 물리적 세계와 물질에 대한 우리의 개념이 바뀌어 질문의 조건이 달라지기 때문입니다.

이 책의 바탕이 되는 믿음은 우리 인간이 자연의 일부라는 것입니다. 우리는 많은 자연현상 중에서 특수한 사례일 뿐, 그 어떤 현상도 우리가 알고 있는 자연의 위대한 법칙에서 벗어날 수 없습니다. 그러나 누구나 한 번은 '이 세상이 단순한 물질, 공간 속에서 움직이는 입자로 이루어져 있다면, 나의 생각과 지각, 주관성, 가치, 아름다움, 의미는 어떻게 존재할 수 있는 것일까'라는 질문을 해본 적이 있을 것입니다. '단순한 물질'이 어떻게 색, 감정, 내가 존재한다는 생생하고 뜨거운 느낌을 만들어내는 걸까요? 어떻게 배우고, 알고, 감동하고, 놀라고, 책을 읽고, 물질 자체가 어떻게 작동하는지 궁금해할 수 있는 걸까요?

양자역학은 이러한 질문에 대해 직접적인 해답을 주지는 않습니다. 주관성, 지각, 지능, 의식 또는 정신생활의 다른 측면에 대한 양자적 설명을 저는 알지 못합니다. 양자 현상은 원자, 광자, 전자기 임펄스 및 우리 몸을 구성하는 다른 많은 미세구조의 역학에 개입하지만, 생각과 지각 또는 주관성이 무엇인지 이해하는 데 도움이 되는 특정한 양자는 존재하지 않습니다. 이러한 것들은 큰 규모에서 뇌의 기능과 관련된 측면입니다. 즉, 거기서 양자 간섭은 복잡한 소음 속에 섞여버리는 것입니다. 양자론은 마음을 이해하는 데 직접적으로 도움이 되지는 않습니다.

그러나 **간접적으로는** 뭔가 관련 있는 것을 가르쳐줄 수 있습니다. 양자론은 질문의 조건을 달라지게 하기 때문이죠.

양자론은 우리가 혼란에 빠지는 이유가 의식의 본성에 대해 잘못된 직관(우리의 직관은 확실히 오해의 소지가 있죠)을 갖고 있기 때문만이 아니라, 결정적으로 '단순한 물질'이 무엇이며 어떻게 작동하는지에 대해서 잘못된 직관을 갖고 있기 때문일 수도 있음을 가르쳐줍니다.

우리 인간이 서로 부딪혀 튀어오르는 작은 돌멩이들로만 이루어져 있을 수 있다고 상상하기는 어렵습니다. 하지만 자세히 들여다보면, 돌멩이 하나도 광활한 세계입니다. 확률과 상호작용이 요동치는, 이글거리는 양자들의 은하계죠. 다른 한편 우리가 '돌'이라고 부르는 것은 의미들이 우리의 생각 속에 겹겹이 쌓인 층으로, 이는 점과 같은 상대적인 물리적 사건들의 은하계와 우리 사이의 상호작용이 불러일으킨 것입니다. '단순한 물질'이 흩어져 복잡한 층이 되어, 갑자기 단순하지 않게 보입니다. 희미하게 풀린 우리의 정신과 단순한 물질 사이의 간극은 어쩌면 뛰어넘을 수 있을 것처럼 보입니다.

이 세계의 미세한 입자가 질량과 운동만을 가진 물질 입자로 이루어져 있다면, 이 무정형의 입자로부터 우리의 복잡한 지각과 사고를 재구성하는 것은 어려워 보입니다. 그러나 그 미세한 입자들을 관계의 관점에서 가장 잘 기술할 수 있고, 어떤 것도 다른 것들과의 관계가 없이는 속성을 갖지 않는다면, **그러한** 물리학에서는 우리가 지각과 의식이라고 부르는 복잡한 현상의 기초를 형성할 수 있는 요소들을 어쩌면 더 잘 찾을 수 있을지 모릅니다. 만약 물질적 실체라는 형이상학적 토대가 없이, 물리적 세계가 서로를 비추는 거울 이미지들의 정교한 직조로 짜여 있다면, 아마도 우리 자신이 그 일부라는 것을 더 쉽게 받아들일 수 있을 것입니다.

어떤 사람들은 모든 것에 심적인 것이 있다고 주장해왔습니다. 우리에게는 의식이 있고, 또 우리가 양성자와 전자로 이루어져 있기 때문에, 전자와 양성자는 이미 모종의 '원proto-의식'을 가지고 있어야 한다는 논증입니다.

나는 그러한 '범심론'과 그러한 논증이 설득력이 없다고 생각합니다. 그것은 마치 자전거가 원자로 이루어져 있기 때문에, 각 원자가 '원proto-사이클링'을 하고 있어야 한다고 말하는 것과 같습니다. 우리가 정신생활을 하려면 뉴런, 감각기관, 신체, 뇌에서 일어나는 복잡한 정보처리가 필요합니다. 분명히, 이 모든 것이 없으면 우리의 정신생활은 존재할 수 없죠.

그러나 단순한 물질의 차가움을 피하기 위해 '원-의식'을 기초 체계에 부여할 필요는 없습니다. 상대적 변수들과 그 상관관계로 세상을 가장 잘 기술할 수 있다면 그것으로 충분합니다. 아마도 이를 통해 우리는 물질의 객관성과 정신적 삶 사이의 급진적 대립이라는 감옥에서 벗어날 수 있을 것입니다. 심적 세계와 물리적 세계 사이의 경직된 구분이 흐려집니다. 그리하여 우리는 심적 현상과 물리적 현상을 모두 자연현상으로 볼 수 있습니다. 두 가지 모두 물리적 세계의 부분들이 서로 상호작용하여 만들어낸 것이라고 말입니다.

이제 결론을 남겨둔 이 장에서는 이 어려운 여정을 위해 조심스레 몇 가지 제안을 하고자 합니다.

의미란 무엇을 의미하는가

우리 인간은 의미의 세계에 살고 있습니다. 언어의 낱말은 무언가를 '의미'합니다. '고양이'는 고양이를 의미하죠. 생각에도 '의미'가 있습니다. 생각은 뇌에서 일어나지만, 우리가 호랑이를 생각할 때 우리는 우리 뇌에 없는 것을 가리킵니다. 호랑이는 바깥 세계에 있을 수 있는 것이니까요.

이 책을 읽는 독자 여러분은 종이 위에서 검은 선의 이미지를 보고 있을 겁니다. '본다'는 것은 여러분의 뇌에서 일어나는 일이지만, 여러분이 보는 선은 여러분 '외부'에 있는 것이죠. 종이 위의 선들과 관계된 어떤 과정이 뇌에서 일어납니다. 이 선들은 이제 의미를 갖습니다. 선들은 글을 쓰고 있는 내 생각을 가리키고, 이는 다시 읽고 있는 가상의 당신을 가리킵니다.

우리의 심적 과정이 '무언가를 향하고 있다'는 것에 대한 (독일의 철학자이자 심리학자인 프란츠 브렌타노Franz Brentano가 주창한) 전문용어는 '지향성'입니다. 지향성은 의미 개념과 우리 정신생활 전반의 중요한 특징입니다.

생각 안에서 일어나는 일과 생각 '밖'에서 일어나는 일, 그리고 생각이 **의미할** 수 있는 것 사이에는 밀접한 관계가 있습니다. '고양이'라는 단어와 고양이 사이에는 밀접한 관계가 있습니다. 도로표지판과 표지판이 **의미하는 것** 사이도 그렇고요.

자연계에는 이런 것이 없는 것 같습니다. 물리적 사건 자체는 아무것도 의미하지 않습니다. 혜성은 뉴턴의 법칙에 따라 이동하고 있지만, 도로표지판을 읽으면서 이동하는 건 아니죠.

우리가 자연의 일부라면, 이 의미의 세계는 물리적 세계로부터 나올 수 있어야 합니다. 하지만 어떻게? 순전히 물리적인 측면에서, 의미의 세계란 무엇일까요?

두 가지 개념을 통해 답에 다가갈 수 있을 것 같습니다. 비록 어느 하나만으로는 물리적 측면에서 의미가 무엇인지 이해하기에 충분치 않지만 말이죠. 그 두 개념은 **정보**와 **진화**라는 개념입니다.

hh

섀넌Claude Shannon의 정보 이론에서 **정보**는 단지 어떤 것의 가능한 상태의 수를 세는 것입니다. USB 메모리에는 비트나 기가바이트로 표시되는 정보의 양이 있는데, 이는 메모리를 얼마나 많은 다른 방식으로 배열할 수 있는지를 나타내죠. 비트 수로는 메모리 안에 있는 것이 무엇을 **의미하는지** 알 수 없으며, 메모리에 있는 내용이 뭔가를 **의미하는지** 아니면 그냥 노이즈인지도 알 수 없습니다.

새넌은 또한 '상대적 정보'라는 개념을 정의하는데, 이는 두 변수 간의 물리적 **상관관계**를 측정하는 개념입니다. 두 변수가 각각의 가능한 상태 수의 곱보다 적은 수의 상태에 있을 수 있다면 '상대적 정보'를 가지고 있는 것입니다. 하나의 플라스틱 조각에 붙어 있는 두 동전의 뒷면은 상관관계가 있습니다. 즉, 두 동전은 '서로의 뒷면에 대한 정보를 가지고 있는 것'이죠.

이 '상대적 정보'라는 개념은 순전히 물리적인 개념입니다. 양자 구조를 고려하면, 물리적 세계를 설명하는 데 있어서도 핵심적인 개념입니다. 상대적 정보는 세계를 구성하는 상호작용들의 직접적인 귀결인 것이죠. 상대적 정보는 의미와 마찬가지로 서로 다른 두 사물을 연결합니다. 그러나 그것만으로는 의미가 무엇인지를 물리적 측면에서 이해하기에 충분하지 않습니다. 이 세계는 상관관계로 가득 차 있지만, 대부분의 상관관계는 아무것도 **의미하지** 않으니까요. 의미가 무엇인지 이해하기에는, 뭔가가 빠져 있습니다.

다른 한편, 생물학적 **진화**의 발견 덕분에, 우리는 생물에 대해 이야기할 때 사용하는 개념과 자연계의 다른 사물에 대해 사용하는 개념 사이에 다리를 놓을 수 있게 되었습니다. 특히 '유용성'과 '관련성'과 같은 개념의 생물학적 기원이, 궁극적으로는 물리적 기원이 명확해졌습니다.

생물권은 생명의 지속에 **유용한** 구조와 과정으로 이루어져 있습니다. 우리에게 숨쉬기 **위한** 폐가 있고, 보기 **위한** 눈이 있는 것처럼 말이죠. 다윈이 발견한 사실은, 이러한 구조의 유용성과 존재 사이의 인과관계를 뒤집어 생각하면 이러한 구조가 왜 존재하는지를 이해할 수 있다는 것입니다. 즉, 기능(보고, 먹고, 숨 쉬고, 소화하는 등 생명에 기여하는 것)이 그 구조의 **목적**이 아니라는 것입니다. 그 반대입니다. 이러한 구조가 존재하기 **때문에** 생명체가 살아남을 수 있는 것이죠. 우리는 살기 위해 사랑하는 것이 아니라, 사랑하기 때문에 사는 겁니다.

생명은 지구 표면에서 펼쳐지는 생화학적인 과정이며, 지구를 가득 채운 태양빛의 풍부한 자유에너지를 소비합니다. 이 과정은 주변 환경과 상호작용하는 개체들로 이루어져 있으며, 시간이 지나도 지속되는 동적 균형을 유지하면서, 자기 조절하는 구조와 과정에 의해 형성됩니다. 그러나 구조와 과정은 유기체가 생존하고 번식하기 **위해** 존재하는 것이 아닙니다. 오히려 그 반대로, 이러한 구조가 점진적으로 성장하여 생존하고 번식하기 **때문에** 생물이 생존하고 번식합니다. 생물은 기능적이기 **때문에** 번식하고 지구를 채웁니다.

이 아이디어는 다윈이 그의 아름다운 책에서 지적했듯이 적어도 엠페도클레스Empedocles까지 거슬러 올라갑니다.[122] 아리스토텔레스는 《자연학Physics》에서, 엠페도클레스가 생명은 사물의 정상적인 조합으로 인해 무작위로 구조가 형성된 결과라고 주장했다고 말합니다. 이러한 구조의 대부분은 곧 소멸하지만, 생존할 수 있는 특성을 가진 구조는 예외입니다. 이것들이 바로 살아 있는 유기체, 생명체입니다. [123] 아리스토텔레스는 송아지가 구조를 잘 갖춘 채로 태어나는 것을 우리가 보지 않느냐고 반박합니다. 온갖 형태로 태어난 송아지 중에서 적절한 형태를 갖춘 것만 살아남는 게 아니라는 것이죠.[124] 그러나 설명을 개체에서 종으로 옮기고, 오늘날 유전과 유전학에 대해 알게 된 많은 것에 비추어 보면, 엠페도클레스의 생각이 본질적으로는 옳았다는 것이 분명해졌습니다.

다윈은 생물학적 구조의 변이성과 자연선택이 매우 중요하다는 것을 분명히 했습니다. 변이성이 있기에 무한한 가능성의 공간을 계속 탐색할 수 있고, 자연선택이 있기에 이 공간의 더욱 확장된 영역으로, 즉 구조와 과정이 **함께** 더 잘 지속될 수 있는 곳으로 점점 더 다가갈 수 있는 것입니다. 분자생물학은 이러한 일이 일어나는 구체적인 메커니즘을 설명합니다.

그런데 여기서 흥미로운 점은, 이 모든 것을 이해한다고 해서 '유용성'이나 '관련성'과 같은 개념이 의미가 없어지지는 않는다는 것입니다. 오히려 그것들의 기원과 물리적 세계에 뿌리를 둔 방식이 명확해지죠. 즉, 그것들은 **실제로** 생존을 가능하게 하는 자연계의 특징인 것입니다.

변이와 자연선택은 멋진 개념이지만, 이조차도 자연계에서 '의미'라는 개념이 어떻게 생겨날 수 있는지 설명하지는 못합니다. '의미'에는 변이성이나 자연선택과는 관련이 없어 보이는 지향적인 내포가 있습니다. '의미'의 의미는 다른 무언가를 기반으로 할 수밖에 없습니다.

hh

그러나 여기서 정보와 진화라는 두 가지 아이디어가 결합하면 작은 기적이 일어납니다.

정보는 생물학에서 여러 가지 역할을 합니다. 구조와 과정은 수억 년, 때로는 수십억 년 동안 스스로를 재생산하고 있으며, 진화의 느린 흐름에 의해서만 변화됩니다. 재생산이 이렇게 안정적으로 이루어지는 것은 조상과 거의 유사하게 유지되는 DNA 분자 덕분이죠.

이는 **상관관계**가, 즉 **상대적인 정보**가 오랜 시간에 걸쳐 존재한다는 것을 의미합니다. DNA 분자는 정보를 암호화해 전달합니다. 정보가 이토록 안정적이라는 것은 아마도 생명체의 가장 두드러진 특징일 것입니다.

그러나 생물학에서 정보가 관련되는 또 다른 방식이 있는데, 바로 유기체의 내부와 외부 사이의 상관관계입니다. 이러한 상관관계의 대부분은 유기체와 관련이 없습니다. 내 뇌에 있는 분자의 상태는 흡수된 우주선宇宙線을 통해 멀리 떨어진 별과 상관관계가 있지만, 이 상관관계는 내 생명과는 무관합니다. 그러나 위에서 언급한 다윈의 이론에서 정의된 관련성의 의미에서는, 생명과 관련된 상관관계가 존재합니다. 즉, 생존과 번식에 유리한 상관관계가 있는 것입니다.

지금 바위 하나가 나를 향해 떨어지는 것이 보인다고 합시다.[125] 바위를 피하면 나는 살아남습니다. 바위를 피한다는 사실에는 신비할 것이 없으며, 다윈의 이론으로 설명할 수 있습니다. 즉, 피하지 않은 사람들은 바위에 부딪혀 죽었고, 나는 피했던 사람들의 후손인 것이죠. 하지만 바위를 피하려면 바위가 나에게 다가오고 있다는 것을 내 몸이 어떻게든 알아차려야 합니다. 그러기 위해서는 내 안의 물리적 변수와 돌의 물리적 상태 사이에 물리적 **상관관계**가 있어야 합니다. 물론 이러한 상관관계는 존재합니다. 나의 시각계가 주변 환경을 뇌의 신경 과정과 연관시키는 역할을 하기 때문입니다. 외부와 내부 사이에는 온갖 종류의 상관관계가 있지만, **이** 상관관계에는 특별한 특징이 있습니다. 만약 이 상관관계가 없거나 적절하지 않다면, 나는 바위에 치여 죽게 될 것이라는 점입니다. 바위의 상태와 뇌의 뉴런을 연결하는 내부와 외부의 상관관계는 다원적 의미에서 직접적인 **관련**이 있습니다. 그것의 있고 없고가 나의 생존에 영향을 미치는 것이죠.

박테리아에는 먹이가 되는 포도당의 농도를 감지할 수 있는 세포벽, 헤엄칠 수 있는 섬모, 포도당이 더 많은 방향으로 박테리아를 유도하는 생화학 메커니즘이 있습니다. 세포벽의 생화학은 포도당 분포와 박테리아 내부의 생화학적 상태 사이의 상관관계를 결정하고, 이는 다시 박테리아가 헤엄치는 방향을 결정합니다. 이 상관관계에는 관련성이 존재합니다. 그것이 중단되면, 영양분을 공급받지 못해 박테리아의 생존 확률이 감소하게 되는 것입니다. 이는 생존과 관련된 물리적 상관관계입니다.

이러한 유관한 상관관계의 존재로부터 의미 개념의 물리적 원천을 찾을 수 있습니다. 그것은 바로 관련된 상대적 정보입니다. 섀넌의 (물리적) 의미에서의 상대적 정보, 다윈의 (생물학적인, 따라서 궁극적으로 물리적인) 의미에서의 관련성. 당의 농도에 대한 정보가 박테리아에게 의미가 있다고 말할 수 있는 것은, 정확히 이런 의미인 것입니다. 혹은 내 뇌 속의 호랑이에 대한 생각의 의미, 즉 해당 신경 세포 구성의 의미가 정확히 호랑이를 의미한다고 말할 수 있는 것도 그런 의미입니다.

이렇게 정의된 관련 정보라는 개념은 순전히 물리적이면서도, 브렌타노의 의미에서는 지향적인 것입니다. 그것은 (내부의) 어떤 것과 (보통은 외부의) 다른 어떤 것 사이의 연결입니다. 거기에는 '참' 또는 '정확함'과 같은 개념이 자연스럽게 수반됩니다. 즉, 모든 구체적인 상황에서 박테리아의 내부 상태는 포도당의 농도 차를 정확하게 인코딩하거나 그러지 못하거나 할 것입니다. 따라서 '의미'를 특징짓는 데 필요한 재료는 많이 있습니다.

물론 우리는 일반적으로 생존과 직접적인 관련이 없는 아주 다양한 맥락에서도 '의미'라는 말을 합니다. 시는 의미로 가득 차 있지만, 시를 읽는다고 해서 생존이나 번식 확률이 높아지는 것 같지는 않아요(어떤 경우는 그럴지도요. 나의 낭만적인 영혼과 사랑에 빠지는 여자가 있다면…). 논리학, 심리학, 언어학, 윤리학 등에서 우리가 '의미'라고 부르는 것의 전체 스펙트럼은, **직접** 관련된 정보로 환원되지 않습니다. 그러나 의미의 이 풍부한 스펙트럼은 물리적 뿌리를 가진 무언가**로부터 시작되어** 우리 종의 생물학적, 문화적 역사 속에서 발전해온 것이고, 여기에 우리의 신경계, 사회, 언어, 문화의 엄청난 복잡성에 적합한 표현들이 부가된 것입니다. 이무언가가 관련된 상대적 정보인 것이죠.

다시 말해, 관련 정보라는 개념은 심적 세계의 의미와 물리학 사이의 사슬 전체는 아니지만, 첫 번째 고리이자 어려운 고리입니다. 의미의 개념에 해당하는 것이 전혀 없는 물리적 세계와, 의미와 의미가 있는 신호로 이루어진 문법이 있는 마음의 세계 사이를 잇는 첫번째 단계입니다. 이제 여기에 (뇌와, 의미를 갖는 과정인 뇌의 개념 조작 능력, 감정을 통합하고 다른 사람의 심적 과정과 관계 맺는 능력, 그리고 자기 자신, 언어, 사회, 규범 등과 관계 맺는 능력 등) 우리를 특징 짓는 표현과 맥락들을 추가하면, 우리는 다양하고 더 완전한 의미 개념에 점점 더 가까운 무언가를 얻게 됩니다.

일단 물리적 개념과 의미 사이의 첫 번째 연결 고리가 발견되면 나머지는 회귀적으로 따라옵니다. 직접 관련된 정보를 제공하는 상관관계도 의미를 갖게 되고, 그런 식으로 회귀적으로 거듭 이어집니다. 진화는 분명히 이 모든 것을 활용해왔습니다.

이러한 관찰은 한편으로는 왜 우리가 의미를 생물학적 과정이나 생물학적 기원의 맥락에서만 말할 수 있는지를 명확히 해줍니다. 다른 한편으로는, 의미 개념의 뿌리를 물리적 세계에서 찾을 수 있게 해줍니다. 그것은 의미 개념이 자연 세계 외부에 있지 않다는 것을 보여줍니다. 자연주의의 범위를 벗어나지 않고서도 지향성에 대해서 말할 수 있는 것입니다. 의미는 어떤 것을 다른 것과 연관시키고, 물리적 제약이 되며, 생물학적 역할을 합니다. 그것은 자연의 한 요소를, 우리와 관련된 무언가의 신호로 만드는 것입니다.

이리하여 우리는 마침내 핵심에 도달했습니다. 만일 우리가 물리적 세계를 가변적 속성을 지닌 단순한 물질의 측면에서 생각한다면, 이러한 속성들 간의 상관관계는 부수적인 사실이 될 것입니다. 물질에 관해 이야기할 수 있기 위해서는, 뭔가 물질 외부의 것을 반드시 덧붙여야 할 것처럼 보입니다.

그러나 양자역학을 통해 물리적 세계의 본질을 상관관계의 네트워크로 이해할 수 있다는 것이 밝혀졌습니다. 즉, 상관관계의 정확히 물리적 의미에서, 상호적인 정보로 이해할 수 있는 것입니다. 자연계의 사물은 제각각 고유한 속성을 가진 고립된 요소들의 집합이 아닙니다. 우리가 위에서 이해한 의미와 지향성은, 어디에나 존재하는 상관관계가 생물학적 영역에서 나타난 특수한 경우일 뿐입니다. 우리 정신생활의 의미들의 세계와 물리적 세계 사이에는 연속성이 있습니다. 둘 다 모두 관계인 것이죠.

우리가 정신적 세계의 이러한 측면에 대해 생각하는

방식과 물리적 세계에 대해 생각하는 방식 사이의 거리는 이렇게 좁혀집니다.

hh

한 사물이 다른 사물에 대한 **정보**를 가지고 있다는 사실은, 맥락에 따라 다른 것을 의미할 수 있습니다. 두 대상 사이에 상대적인 정보가 존재한다는 것은, 내가 두 대상을 보면 상관관계를 발견할 수 있다는 것을 의미합니다. 가령 "당신은 오늘 하늘 색깔에 대한 정보를 가지고 있다"는 말은, 내가 당신에게 하늘 색깔을 물어보고 나서 하늘을 보면, 당신이 말한 것과 내가 보는 것이 일치한다는 것을 의미하므로, 당신과 하늘 사이에는 상관관계가 있는 것입니다. 따라서 두 대상(당신과 하늘)이 상대적인 정보를 가지고 있다는 것은, 궁극적으로 제3의 대상(당신을 관찰하는 나)과 관련된 것입니다. 상대적 정보도 얽힘과 같이 3인조 댄스인 것이죠.

그러나 만일 어떤 대상(당신)이 (동물, 인간, 인간이 만든 기계 등과 같이) 계산과 예측을 할 수 있을 정도로 충분히 복잡하다면, '정보를 가지고 있다'는 사실은 뒤따르는 상호작용의 결과를 예측할 수 있는 자원이 있다는 뜻이기도 합니다. 즉, 당신이 하늘의 색에 대한 정보를 가지고 있는데 눈을 감았다면, 다시 눈을 떴을 때 무엇을 보게 될지 눈을 뜨기 전에도 **예측**할 수 있다는 것입니다. 당신은 '정보'라는 단어보다 훨씬 더 강한 의미에서 하늘 색깔에 대한 정보를 가지고 있는 것입니다. 눈을 뜨기 전에 무엇을 보게 될지 알고 있다는 것이죠.

다시 말해, 상대적 정보의 기초적 개념은 물리적 구조이고, 그 위에 더 복잡한 정보 개념들이 놓이고, 그것들이 이제 의미론적 값을 갖게 되는 것입니다.

이 개념들 중에는, 물리적 세계의 일부인 우리 자신이 그 외의 부분을 연구하는 일과 관련된 정보 개념도 있습니다.

세계관, 즉 이 세계에 관한 이론이 정합성을 가지려면, 이 세계의 거주자들이 그런 시각과 해석에 도달하는 방식을 설명할 수 있어야 하고, 그 방식이 옳다는 것을 보여줄 수 있어야 합니다.

이 조건은 소박한 유물론의 입장에서는 충족시키기 어렵겠지만, 우리가 물질을 상호작용과 상관관계로 다시 생각한다면 곧바로 이 조건을 충족시킬 수 있습니다.

이 세계에 대한 나의 지식은, 의미 있는 정보를 생성하는 상호작용의 한 가지 결과입니다. 그것은 외부 세계와 나의 기억 사이의 상관관계인 것이죠. 하늘이 파랗다면 내 기억 속에는 파란 하늘의 이미지가 있습니다. 따라서 내 기억 속에는 눈을 감았다가 바로 다시 떴을 때 하늘의 색을 예측할 수 있는 자원이 들어 있습니다. 이런 면에서, 내가 가진 그 정보는 의미론적인 값을 가집니다. 우리는 하늘이 파랗다는 것이 어떤 **의미**인지 알고 있습니다. 눈을 뜨면 알게 되죠.

이것이 4부 마지막에서 양자역학의 공준을 소개할 때 사용한 '정보'라는 말의 의미입니다.

'정보'라는 말의 이중적 의미 때문에, 이 개념은 애매한 성격을 띠게 됩니다. 우리가 세계를 이해하기 위한 기초는 세계에 대한 우리의 정보이며, 이는 우리와 세계 사이의 상관관계입니다. 우리는 이 상관관계 안으로부터 세계를 알게 됩니다.

안쪽에서 바라본 세계

 의미 있는 정보라는 개념은 정신적 세계의 어떤 측면을 물리적 세계와 연결하지만, 이 두 세계 사이의 거리감을 해소하지는 못합니다. 그러나 양자론이 우리에게 실재를 근본적으로 재검토하기를 요구하고 있는 덕분에, 우리에게 도움이 될 만한 것이 더 있습니다.

 정신적 세계와 물리적 세계 사이의 거리라는 문제는, 때로 직관적으로 명확해 보이지만 정확히 규정하기는 매우 어렵습니다. 우리의 심적 세계에는 의미, 지향성, 가치, 목적, 감정, 미적 감각, 도덕감, 수학적 직관, 지각, 창의성, 의식 등 매우 다양한 측면이 있습니다. 우리의 정신은 기억하고, 예상하고, 반성하고, 추론하고, 흥분하고, 분노하고, 꿈꾸고, 희망하고, 보고, 자신을 표현하고, 상상하고, 인식하고, 알고, 자신이 존재한다는 것을 깨닫는 등 아주 많은 일을 합니다. 하나씩 살펴보면 우리 뇌의 많은 활동은, 충분히 복잡한 물리적 장치를 다소 쉽게 만들 수 있는 일과 크게 다르지 않아 보입니다. 우리가 알고 있는 물리학에서는 나올 **수 없는** 뭔가가 있을까요?

데이비드 차머스David Chalmers는 그의 유명한 논문에서 의식의 문제를 '쉬운' 문제와 '어려운' 문제로 구분했습니다.[126] 차머스가 '쉬운' 문제라고 부르는 것은 사실 전혀 쉬운 문제가 아닙니다. 그것은 우리의 뇌가 어떻게 작동하는가, 즉 뇌는 우리의 정신생활과 연관된 다양한 활동을 어떻게 일으키는가 하는 문제입니다. 그가 말하는 '어려운' 문제란 이 모든 활동에 동반되는 주관적인 느낌이 무엇인지 이해하는 것입니다.

차머스는 '쉬운' 문제는 현재의 물리적 세계관의 틀 안에서 해결될 수 있다고 생각하지만, '어려운' 문제도 같은 방식으로 해결할 수 있는지에 대해서는 의문을 제기합니다. 이 점을 명확히 하기 위해 그는 어떤 기계를 상상해보라고 합니다. 그는 그것을 '좀비'라고 부르는데, 그것은 (미시적 수준의 행동도 포함해) 관찰 가능한 인간의 모든 행동을 재현할 수 있습니다. 요컨대, 그것은 아무리 **외부에서** 관찰해도 인간과 구별할 수 없지만, 주관적인 경험은 없는 기계입니다. 차머스의 표현을 빌리자면, "그 안에는 아무도 없다"는 것이죠. 우리가 이러한 가능성을 생각할 수 있다는 사실만으로도, 감정을 느끼는 존재에게는 겉으로 봐서 인간처럼 행동하는 이 가상의 좀비와 구별되는 '추가적인' 무언가가 존재한다는 것을 알 수 있습니다. 차머스에 따르면 이 '추가적인' 무언가가, 물리적 세계에 대한 현재의 개념으로는 주관적 경험을 설명하기 어렵다는 사실을 알려준다고 합니다. 이것이 바로 차머스가 생각하는, 의식에 관한 진짜 문제입니다.

신경과학은 감각의 작동 방식, 기억, 위치 확인 능력, 언어 생산, 감정 형성, 감정의 역할 등을 이해하는 데에서 놀라운 진전을 이루고 있습니다. 아마도 이 모든 것들은 앞으로 더 명확해지겠죠. 그래도 여전히 알기 어려운 것이 있을까요? 차머스는 있다고 주장합니다. '어려운 문제'는 두뇌 활동이 어떻게 작동하는지 이해하는 문제가 아니기 때문이라는 겁니다. 그것은 이러한 활동이 일어날 때, 우리가 느끼는 주관적인 감정이 그러한 활동에 동반되는 이유를 이해하는 문제인 것이죠. 달리 말해, 우리의 정신생활과 물리적 세계 사이의 관계를 이해하기 위해서는, 우리가 두뇌/정신 활동은 내부에서 1인칭으로 경험하는 반면, 물리적 세계는 외부에서 기술한다는 사실을 필수적으로 고려해야 한다는 것입니다.

그런데 양자역학에 따라 세계를 다시 생각하면 질문의 조건이 달라집니다. 세계가 관계적이라면, 우리가 물리적 실재를 물리계에 자신을 나타내는 현상으로 이해한다면, 세계를 외부에서 바라본 기술은 존재하지 않습니다. 가능한 세계에 대한 기술은 궁극적으로 모두 내부로부터 나온 것입니다. 모든 기술이 결국 '1인 칭'인 것입니다. 세계를 바라보는 우리의 관점, 세계 안에 위치한 존재로서의 관점(제난 이스마엘Jenann Ismael의 말대로 '특정 상황에 놓인 자아')[127]은 특별한 것이 아닙니다. 그것은 물리학이 제안하는 것과 동일한 논리에 기반을 두고 있는 것입니다.

우리가 사물의 총체를 상상할 때, 우리는 우리가 우주 **바깥에** 있고 '거기서' 바라본다고 상상합니다. 그러나 사물의 총체에는 '바깥'이 없습니다. 외부에서 바라보는 관점은 존재하지 않는 관점입니다.[128] 세계에 대한 모든 묘사는 내부로부터 이루어집니다. 외부로부터 본 세계는 존재하지 않습니다. 오직 서로를 비추는 부분적이고 내부적인 관점들만이 존재할 뿐이죠. 세계는 관점들의 이러한 상호 반영**인 것입니**다.

양자 물리학은 이러한 현상이 이미 무생물에서 일어난다는 것을 보여줍니다. 동일한 대상과 관계된 속성들의 집합이 하나의 관점을 형성합니다. 관점을 다 버리고서는, 사실의 총체를 재구성할 수 없습니다. 사실이란 오직 상대적인 사실일 뿐이기 때문에, 그렇게 되면 결국 우리는 사실이 없는 세계에 있게 됩니다. 양자역학의 다세계 해석이 처한 어려움이 바로 이 점입니다. 다세계 해석은 세계 외부의 관찰자가 세계와 상호작용하는 경우에 예상되는 것을 기술할 뿐인데, 세계 외부에는 관찰자가 존재하지 않으므로, 세계의 사실을 기술하지 못하는 것입니다.

토머스 네이글Thomas Nagel은 유명한 한 논문에서,[129] "박쥐가 된다는 것은 어떤 느낌인가?"라는 질문을 내어놓고, 이와 같은 질문은 잘 제기된 질문이지만 자연과학을 벗어난 질문이라고 주장합니다. 그러나 네이글의 실수는 물리학이 3인칭으로 사물을 기술한다고 가정한 것입니다. 사실은 그 반대입니다. 관계론적 관점에 따르면 물리학은 항상 하나의 관점에서 실재를 1인칭으로 기술한 것입니다. 모든 것은 암묵적으로 세계 내부로부터, 물리계와 관련되어 있다는 관점에서 기술됩니다.

hh

마음의 본질에 대한 생각은 일반적으로 세 가지로 나뉩니다. 마음의 실재성은 무생물의 실재성과 완전히 다르다는 이원론, 물질의 실재성은 오직 마음속에만 존재한다는 관념론, 모든 심적 현상을 물질의 운동으로 환원할 수 있다는 소박한 유물론이 그것입니다. 이원론과 관념론은 최근 몇 세기 동안 우리가 세상에 대해 배운 것, 특히 지각이 있는 존재인 우리가 다른 존재와 마찬가지로 자연의 일부라는 사실을 발견한 것과 양립할 수 없습니다. 우리를 포함해 우리가 알고 있는 모든 것이 이미 알려진 자연법칙을 따른다는 증거가 계속 늘어나고 있다는 사실과도 양립할 수 없습니다. 하지만 한편으로, 소박한 유물론은 주관적 경험의 실재와 직관적으로 조화를 이루기 어려워 보입니다.

그러나 이것들만이 유일한 대안은 아닙니다. 대상의 성질이 다른 것과의 상호작용에서 비롯된 것이라면, 정신적 현상과 물리적 현상의 구분이 훨씬 흐려집니다. 물리적 변수들과, 심리 철학자들이 '감각질qualia'이라고 부르는 것, 즉 '나에게 빨갛게 보인다'와 같은 원초적인 심적 현상 모두, 다소 복잡한 자연현상일 수 있습니다.

주관성은 물리학과 관련해 볼 때 질적인 도약이 아닙니다. 주관성은 (보그다노프라면 '조직화'라고 말할) 복잡성의 증가를 필요로 하지만, 그것은 항상 가장 기초적인 수준에서부터 관점들로 구성된 세계 속에서입니다.

따라서 우리가 '나'와 '물질'의 관계에 관해 질문할 때, 우리가 사용하는 이 두 개념은 모두 혼란스러운데, 그 때문에 의식의 본질에 대한 질문을 둘러싸고 혼란이 생기는 것 같습니다.

느낌을 경험하는 '내'가 우리의 심적 과정의 통합된 총체가 아니라면 도대체 누구일까요? 물론 우리는 자신에 대해 생각할 때 어떤 통일성을 직관적으로 느끼기는 합니다. 그러나 이것은 단순히 우리 몸이 통합되어 있다는 사실과, 의식이라고 부르는 부분이 한 번에 한 가지 일을 하는 심적 과정이 작동하는 방식에 의해 정당화될 뿐입니다.

저는 여기서 문제가 되는 '나'는 잘못된 형이상학의 잔재라고 생각합니다. 즉, 과정을 실체로 착각하는 흔한 실수의 결과인 것이죠. 마흐는 "'나'는 구제받을 수 없다"고 단언합니다. 의식의 신경 과정을 해명한 후에 의식이 무엇인지 묻는 것은, 뇌우의 물리학을 이해한 후에 뇌우가 무엇인지 묻는 것과 같습니다. 무의미한 질문이죠. 감각을 '지닌 자'를 추가하는 것은, 뇌우라는 현상에 제우스를 추가하는 것과 같습니다. 그것은 뇌우의 물리학을 이해한 후에도 뇌우를 제우스의 분노와 연결시키는 (차머스의 표현으로) '어려운 문제'가 여전히 남아 있다고 말하는 것과 같습니다.

우리에게 '나'라는 독립된 실체에 대한 '직관'이 있는 것은 사실입니다. 하지만 그렇게 보면, 과거 우리는 제우스가 뇌우의 배후에 있다는 '직관'도 가지고 있었고… 지구가 평평하다는 '직관'도 가지고 있었죠. 우리는 무비판적인 '직관'에 의존해서는 세계에 대한 효과적인 이해를 구축할 수 없습니다. 마음의 본질을 알고 싶다면, 내적 성찰은 최악의 탐구 도구입니다. 자신의 뿌리 깊은 편견을 만나 그 속에서 허우적거리게 될 것입니다.

그러나 이 문제의 두 번째 항인 '단순한 물질' 또한 잘못된 형이상학, 즉 물질에 대한 지나치게 순진한 개념에 기반한 형이상학의 잔재입니다. 물질을 질량과 운동으로만 정의되는 보편적 실체로 보는 것이죠. 그러나 이는 양자 물리학과 모순되기 때문에 잘못된 형이상학입니다.

과정과 사건, **상대적** 속성과 관계들의 세계라는 관점에서 생각하면, 물리적 현상과 정신적 현상 사이의 괴리는 훨씬 줄어듭니다. 우리는 두 현상 모두, 상호작용의 복잡한 구조에 의해 발생하는 자연현상으로 볼 수 있습니다.

ħħ

세계에 대한 우리의 지식은 어느 정도 서로 연관된 다양한 학문들로 표현됩니다. 이러한 지식의 구성 요소들 간의 관계에서 물리학이 수행하는 역할은, 양자 때문에 어떤 부분은 없어지고 어떤 부분은 풍부해지고 했습니다. 모든 것의 근간이 되는 근본적인 실체를 밝힌다는 18세기 기계론의 주장은 사라졌습니다. 반대로, 실재의 문법에 대한 이해는 당혹스러울지는 몰라도 더 풍부하고 더 정교해진 덕분에, 우리는 세상을 더욱 명료하게 생각할 수 있게 되었습니다.

세계는 가장 기본적인 물리적 수준에서 상호 간의

정보로 이루어진 네트워크입니다. 다원주의 메커니즘 안에서 유의미하게 된 정보는 우리에게도 의미가 있습니다. "우주는 변화이고 삶은 담화이다"라고 데모크리토스Democritus의 단편 115는 말합니다. 우주는 상호작용이며, 삶은 상대적인 정보를 조직화합니다. 오늘날 우리가 이해하는 한, 우리는 실재를 구성하는 관계의 그 물망의 섬세하고 복잡한 자수 무늬입니다.

멀리서 숲을 바라보면, 짙은 녹색 벨벳이 보입니다. 가까이 다가가면, 벨벳이 갈라져 줄기, 가지, 잎사귀가 됩니다. 나무껍질, 이끼, 벌레들이 복잡하게 뒤섞여 있습니다. 무당벌레의 눈 하나하나에는 매우 정교한 세포 구조가 있고, 그 세포는 뉴런과 연결되어 무당벌레를 살게 합니다. 세포 하나하나는 도시이고, 각 단백질은 원자들로 이루어진 성이며, 각 원자핵 속에서는 양자역학의 지옥이 펼쳐져, 쿼크와 글루온이 소용돌이치고, 양자장이 들뜨고 있습니다. 그리고 내가 보고 있는 이 숲은 한 작은 행성의 작은 숲에 불과하고, 그 행성은 작은 항성 주위를 돌고 있고, 또 그 항성은 천억 개의 항성으로 이루어진 은하에 속해 있으며, 그 은하를 포함한 1조 개의 은하가 있는 우주는 무수히 많은 사건들로 가득합니다. 우주의 구석구석에는 어지러울 정도로 많은 실재의 층이 있습니다.

이 층들에서 우리는 규칙성을 인식할 수 있었고, 그

규칙성에서 우리와 관련된 정보를 수집하여 개별 층에 대한 일관된 그림을 그릴 수 있었습니다. 그 각각은 근사치입니다. 실재는 여러 층으로 나뉘어 있지 않습니다. 우리가 세분화한 층위들과, 실재가 분리되면서 나타난 대상들은, 자연이 우리와 관계를 맺는 방식입니다. 우리가 개념이라고 부르는, 두뇌 속 물리적 사건들의 역동적 구성들 안에서 말입니다. 실재를 여러 층위로 구분하는 것은 우리가 실재와 상호작용하는 방식과 관계된 것이죠.

기초 물리학도 예외는 아닙니다. 자연은 항상 단순한 법칙을 따르지만, 사물의 복잡성은 일반적인 법칙을 무색하게 만듭니다. 나의 여자 친구가 맥스웰의 방정식을 따른다는 것을 내가 알았다고 해서, 그녀를 행복하게 하는 데 도움이 되는 것은 아니죠. 엔진이 어떻게 작동하는지 배우려면, 기본 입자 사이의 핵력은 무시하는 것이 가장 좋습니다. 세계를 이해하는 수준들에는 자율성과 독립성이 있으며, 그래서 각 지식 분야가 마땅히 자율성을 갖게 되는 것입니다. 이런 의미에서는, 기초 물리학은 물리학자의 생각보다 훨씬 더 쓸모가 없습니다.

그렇다고 해서 진짜로 서로 단절된 것은 아닙니다. 물리학을 가지고 화학의 기초를 이해할 수 있고, 화학을 가지고 생화학의 기초를 이해할 수 있으며, 생화학을 가지고 생물학의 기초를 이해할 수 있는 식으로 되어 있죠. 우리가 잘 이해하는 연결도 있지만, 그렇지 않은 연결도 있습니다. 단절이란 우리의 이해에 난 갈라진 틈입니다. 이것이 바로 의미 개념의 물리적 기초에 대한 질문이 뜻하는 것입니다.

관계적 관점에 설 때 우리는 주체/객체, 물질/정신의 이원론에서, 실재/사고 또는 뇌/의식의 환원 불가능해 보이는 이원론에서 벗어날 수 있습니다. 우리 몸 안에서 일어나는 과정을 밝히고 그것과 외부 세계와의 관계를 밝히고 나면, 그 후에 이해해야 할 무엇이 더 남아 있을까요? 이러한 과정은 거기에 함께 참여한 우리 몸과 외부 환경 사이의 상관관계에 대한 반응이자 그 관계가 정교화된 것입니다. 이 과정들은 우리 몸의 외부와 내부 사이를 (그리고 내부와 내부 사이를) 가로지르죠. 우리 의식의 현상학이란, 뉴런이 전달하는 신호에 포함된 관련 정보를 서로 비추는 거울 게임에서, 이러한 과정이 자신에게 부여한 이름에 불과하지 않을까요?

물론 이것으로 마음이 어떻게 작동하는지 이해하는 문제가 해결된 것은 아닙니다. 차머스가 '쉬운' 문제라고 했던 문제도 여전히 남아 있으며, 결코 쉽지도 않고 해결되지도 않았죠. 우리는 여전히 뇌가 어떻게 작동하는지 아주 조금밖에 알지 못합니다. 그러나 우리는 알려진 자연법칙 내에서 점점 더 많은 것을 이해하고 있습니다. 그리고 알려진 자연법칙으로 이해할 수 없는 무언가가 우리의 정신생활에 있을 것이라고 생각할 이유는 없습니다.

알려진 자연법칙으로는 우리의 정신생활을 이해할 수 없다는 반론들도 있지만, 이를 자세히 살펴보면 결국, '내게는 그럴법해 보이지 않는다'는 모호한 말을 논리적 근거 없이 직관에만 의존해서 반복하고 있을 뿐입니다.* 정신이 어떤 연기 같은 비물질적 성분으로 이루어져 죽음 이후에도 살아 있을 수 있다는 슬픈 희망일까요…. 그런 전망은 전혀 그럴법해 보이지 않을 뿐만 아니라, 제게는 소름 끼치는 이야기입니다.

이 장의 서두에서 인용한 미국 철학자 에릭 뱅크스 Erik Banks의 말대로, "심신 문제는 우리에게 신비로운 문제이지만, 자연에게는 해결된 문제라는 사실을 항상 기억해야 한다. 우리에게 남은 것은 자연이 어떻게 그렇게 했는지 이해하는 것뿐"입니다.

---

* 이러한 태도의 한 예로 토머스 네이글의 《마음과 우주: 왜 유물론적 신다윈주의의 자연관이 거의 확실히 틀렸는가Mind and Cosmos: Why The Materialist Neo-Darwinian Conception of Nature is Almost Certainly False》(Oxford University Press, 2012)가 있다. 이 책은 '가능해 보이지 않는다. 나에게는 가능해 보이지 않는다'를 끈질기에 반복하지만, 자세히 읽어보아도 이 논지를 뒷받침하는 실질적인 논증을 찾을 수가 없었다. 그저 자연과학의 발전에 대한 무지와 이해 부족과 무관심을 명시적으로 선언하고 있을 뿐이었다.

VII

하지만 정말 가능할까?

결론이 나지 않은 이야기를 결론 맺으려 한다.

이 세계를 조금 더 잘 보여줄 수 있는 지도

애야, 너 몹시 심란한 얼굴이구나,
당황했나보구나. 자, 기운 차려라.
여흥은 이제 끝났어. 여기 있는 배우들은
이미 말했듯, 모두 요정이었고
공기 속으로, 옅은 공기 속으로 녹아 사라지지.
그리고 주춧돌도 없이 지어진 환영처럼
구름 걸린 탑도, 화려한 궁전도
장엄한 사원도 거대한 지구 그 자체도
그래, 그 안의 모든 것도 녹아내려
이 실체 없는 광경이 사라지듯,
구름 한 조각 남지 않을 것이다. 우리는
꿈을 만드는 재료, 우리 짧은 인생은
잠으로 끝맺는 것.

최근 신경과학의 가장 흥미로운 발전 중 하나는 시
각 시스템의 기능에 관한 연구입니다. 우리는 어떻게
볼 수 있는 걸까요? 우리 눈앞에 책이나 고양이가 있다는 것을 어떻게 한눈에 알 수 있을까요?

우리 눈의 망막에 도달하는 빛을 수용체가 감지하여 신호로 변환해 뇌 내부로 전달하면, 일군의 뉴런들이 더 복잡한 방식으로 정보를 처리해 정보를 해석하고 사물을 식별하게 된다고 생각하는 것이 자연스러워 보일 수 있을 것 같습니다. 어떤 뉴런은 색을 구분하는 선을 인식하고, 다른 뉴런은 이 선으로 그려진 모양을 인식하고, 또 다른 뉴런은 이 모양을 기억의 데이터와 비교하고⋯ 그리고 또 다른 뉴런이 인식하게 된다는 것이죠. 고양이구나!

하지만 그렇지 않습니다. 뇌는 그렇게 작동하지 않습니다. 그 반대 방향으로 작동합니다. 대부분의 신호는 눈에서 뇌로 이동하는 것이 아니라, 그 반대로 뇌에서 눈으로 이동합니다. [130]

뇌는 이전에 일어난 일과 알고 있는 것을 바탕으로, 무언가가 보일 거라고 **예상**합니다. 뇌는 눈에 보일 것으로 **예견**되는 상을 만듭니다. 이 정보는 중간 단계를 거쳐 뇌에서 눈으로 전달됩니다. 뇌가 예상하는 것과 눈에 도달하는 빛 사이에 불일치가 감지되면, 그때**만** 신경 회로가 뇌로 신호를 보냅니다. 즉, 관찰된 주위의 이미지가 눈에서 뇌로 이동하는 것이 아니라, 뇌가 예상하는 것과 불일치하는 정보만 전달되는 것이죠.

시각이 이런 방식으로 작동한다는 것은 놀라운 발견

이었습니다. 그러나 다시 생각해보면 이것이 환경으로부터 정보를 수집하는 효율적인 방법이라는 것은 분명합니다. 뇌가 이미 알고 있는 것을 확인만 해주는 신호를 뇌에 보내는 것은 쓸모가 없을 테니까요. 컴퓨터 과학자들은 이미지 파일을 압축할 때 비슷한 기술을 사용합니다. 모든 픽셀의 색을 저장하는 대신 색이 **바뀐** 곳의 정보만 저장하는 것입니다. 적은 정보로 충분히 이미지를 재구성할 수 있죠.

이 사실은 우리가 보는 것과 세상 사이의 관계에 대해 매우 큰 개념적 함의를 갖습니다. 우리가 주변을 둘러볼 때 우리는 실제로 '관찰'을 하고 있는 것이 아닙니다. 우리는 자신이 알고 있는 것(오해와 편견을 포함해)을 바탕으로 세상의 이미지를 만들어내고, 무의식적으로 불일치를 탐지하여, 필요한 경우 수정하는 것입니다.

다시 말해, 우리가 보는 것은 외부를 재현한 모습이 아닙니다. 그것은 우리가 예상하고, 우리가 파악할 수 있는 정보로 수정한 것입니다. 관련된 입력은 우리가 이미 알고 있는 것을 **확인**하는 입력이 아닙니다. 그것은 우리의 예상과 **상충**하는 입력입니다.

때때로 그것은 사소한 입력입니다. 고양이가 귀를 움직였네! 때로는 다른 가설로 넘어가라는 경보가 될 수도 있습니다. 아! 고양이가 아니라 호랑이였구나! 때로는 완전히 새로운 장면이어서, 우리는 그것을 유의미한 형태로 상상하여 어떻게든 이해하려고 노력합니다. 어느 경우든 우리는 이미 알고 있는 것을 가지고서 자신의 눈에 비친 것을 이해하려고 애쓰는 것입니다.

이것은 뇌가 일반적으로 작동하는 방식일 수도 있습니다. 예를 들어, PCM(투사적 의식 모델Projective Consciousness Model)131 가설에 따르면, 의식은 신체와 세계가 가변적이어서 계속적으로 변동하는 입력을 예측하려는 뇌의 활동입니다. 그리하여 표상을 만들어내고, 관찰된 불일치를 기반으로 예측의 오류를 부단히 최소화하려고 한다는 것입니다.

19세기 프랑스 철학자 이폴리트 텐Hippolyte Taine의 말을 빌리자면, "외부 지각이란 외부 사물과 조화를 이루는 내면의 꿈"이라고 할 수 있습니다. 잘못된 지각을 '환각'이라 부르는 대신, 외부 지각을 '확인된 환각'이라고 불러야겠습니다.132

과학은 기본적으로 우리가 보는 방식의 연장선일 따름입니다. 우리는 자신이 예상한 것과 세상에서 수집할 수 있는 것 사이의 불일치를 찾습니다. 우리는 세계에 대한 상을 가지고 있으며, 그 상이 제대로 작동하지 않으면 그것을 수정하려고 노력합니다. 인간의 모든 지식은 이러한 방식으로 만들어져 온 것이죠.

시각적 상은 우리 각자의 뇌에서 순식간에 발생합니다. 이에 반해 지식의 성장은 수년, 수십 년, 수세기에 걸쳐 인류 전체의 긴밀한 대화 속에서 훨씬 더 느리게 진행되죠. 전자는 경험의 개인적 조직화와 관련되어, 심리적 세계를 형성합니다. 후자는 경험의 사회적 조직화와 관련되어, 과학이 기술하는 물리적 질서의 토대가 됩니다. (보그다노프: "심리적 질서와 물리적 질서의 차이는 개인적으로 조직화된 경험과 사회적으로 조직화된 경험의 차이로 귀결된다.")[133] 그러나 이 둘은 같은 것입니다. 우리는 현실에 대한 우리의 정신적 지도, 개념적 구조를 업데이트하고 개선합니다. 우리가 가진 생각과 우리가 현실에서 얻은 것 사이의 불일치에 대처하기 위해, 그리하여 현실을 더욱더 잘 읽어내려고 하는 것이죠.[134]

때로 그것은 몇 가지 새로운 사실을 알게 되는 작은 일일 수도 있습니다. 때로는 우리의 예상에 의문을 제기하여, 우리가 세계를 생각하는 방식의 개념적 문법 자체를 건드리는 일이 되기도 하죠. 그럴 때 우리는 우리의 가장 깊은 곳에 있는 세계상을 업데이트합니다. 현실에 대해 생각하는 새로운 지도를, 세계를 조금 더 잘 보여줄 수 있는 지도를 찾아냅니다.

이것이 바로 양자론입니다.

ħħ

물론 이 이론에서 나온 세계관에는 당황스러운 점이

있습니다. 우리는 우리에게 아주아주 자연스러워 보였던 것을 버려야 합니다. 세계가 사물로 이루어져 있다는 생각을 말입니다. 우리는 그것이 낡은 편견임을, 더 이상 우리에게 도움이 되지 않는 낡은 수레임을 깨달아야 합니다.

뭔가 세상의 구체성이 보랏빛과 무지갯빛의 몽환적인 환각 경험처럼 공중에서 녹아내리고 있는 것 같습니다. 느껴집니다. 이 장의 첫머리에 인용된 프로스페로Prospero의 말처럼 우리를 어질어질하게 만듭니다.

"주춧돌도 없이 지어진 환영처럼 구름 걸린 탑도, 화려한 궁전도 장엄한 사원도 거대한 지구 그 자체도 그래, 그 안의 모든 것도 녹아내려 이 실체 없는 광경이 사라지듯, 구름 한 조각 남지 않을 것이다."

셰익스피어의 마지막 희곡인 《템페스트The Tempest》 4막 1장의 대사입니다. 문학사에서 가장 감동적인 구절 중 하나로 꼽히는 대목이죠. 프로스페로/셰익스피어는 관객을 아찔한 상상의 세계로 날려 보내고 나서는 이렇게 달래줍니다. '몹시 놀란 모습이군요. 당황했나봅니다. 자, 기운 차리세요. 여흥은 이제 끝났습니다. 여기 있는 배우들은 이미 말했듯, 모두 요정이었고 공기 속으로, 옅은 공기 속으로 녹아 사라집니다.' 그러고는 그 불멸의 속삭임으로 부드럽게 잦아듭니다. '우리는 꿈과 똑같은 재료로 빚어졌고, 우리 짧은 인생은 잠으로 끝맺죠.'

양자역학에 대한 긴 명상을 마친 후의 느낌은 이렇습니다. 물리적 세계의 견고함이 마치 프로스페로의 구름 덮인 탑과 화려한 궁전처럼 녹아서 허공으로 사라져버린 것 같습니다. 현실은 거울들의 놀이 속에서 풀어헤쳐져버렸습니다.

하지만 우리가 여기서 이야기하고 있는 것은, 위대한 음유시인의 화려한 상상력이나 인간의 마음속으로 파고드는 그의 호소력이 아닙니다. 상상력이 지나친 어느 이론 물리학자가 최근에 한 엉뚱한 사변을 소개하는 것도 아니고요. 그것은 합리적이고 경험적으로 엄밀하게 기초 물리학을 끈기 있게 연구해온 결과 이러한 실체성의 해체에 우리가 도달했다는 것입니다. 그것은 지금까지 인류가 발견한 최고의 과학 이론이자 현대 기술의 기반이며, 그 신뢰성은 의심할 여지가 없습니다.

저는 이제 우리가 이 이론을 정면으로 마주해, 이론 물리학자와 철학자들의 좁은 울타리 밖에서 그 본질을 논의하고, 거기서 추출되는 달콤하고 살짝 취하게 하는 꿀을 현대 문화 전체의 사이사이에 떨구어야 할 때라고 믿습니다.*

---

* 물론 다소 진지하게 양자역학에서 영감을 얻거나 양자역학에 뿌리를 두고 있는 생각의 흐름들이 이미 많이 생겨나고 있습니다. 예를 들어, 카렌 바라드Karen barad는 Meeting the Universe Halfway (duke University press, durham, Nc, 2007)와 "Posthumanist Performativity: Toward an Understanding of How Matter Comes to Matter", Signs: Journal of Women in Culture and Society, 28, 2003, pp. 80-131에서 보어의 아이디어를 예리하고 매혹적으로 사용하고 있습니다.

이 글이 조금이나마 거기에 기여할 수 있으면 좋겠습니다.

우리가 발견한 바에 따르면, 실재는 상호작용의 그물망을 짜는 사건들로 가장 잘 묘사될 수 있습니다. '개체'는 이 그물망의 일시적인 매듭에 불과합니다. 개체의 속성은 이러한 상호작용이 일어나는 순간에만 결정되며, 다른 것들과의 관계 속에서만 결정됩니다. 사물은 다른 사물 속에 비친 것일 뿐입니다.

모든 시각은 부분적입니다. 관점에 의존하지 않고 현실을 보는 방법은 없습니다. 절대적이고 보편적인 시점이란 존재하지 않죠. 그러나 시점들도 서로 소통가능하고, 지식은 다른 지식과 현실과 서로 대화할 수 있으며, 그렇게 대화를 통해 수정되고 풍부해지고 수렴되어, 현실에 대한 우리의 이해는 깊어집니다.

이런 과정의 행위자는 현상으로 이루어진 현실과 분리된 주체가 아니고 초월적인 시점도 아니며 현실 그 자체의 일부입니다. 현실의 이 부분은 자연선택을 통해 유용한 상관관계, 즉 의미 있는 정보를 다루는 법을 배운 것입니다. 현실에 대한 우리의 이야기 또한 그 자체로 현실의 일부인 것이죠.

우리의 자아, 우리의 사회, 우리의 문화적, 정신적, 정치적 삶은 관계로 이루어져 있습니다.

그렇기 때문에 우리가 수백 년 동안 해낼 수 있었던

모든 일은 교류의 네트워크 속에서 이루어져왔던 것입니다. 그래서 협력의 정치가 경쟁의 정치보다 더 현명하고 효과적인 것이고요….

그리하여 저는 개인적 자아라는 개념도, 사춘기 시절 저를 거칠고 고독한 질문으로 이끌었던 반항적이고 고독한 자아도, 스스로 완전히 독립적이고 완전히 자유롭다고 믿었던 자아조차도, 결국 네트워크들의 네트워크 속의 잔물결에 불과하다는 것을 깨닫게 됩니다.

현실의 구조는 어떠한지, 우리의 마음은 어떻게 작동하는지, 마음은 어떻게 현실을 이해할 수 있는지 등, 오래전 나를 물리학으로 이끈 청소년기의 질문들은 여전히 답을 찾지 못하고 있습니다. 하지만 우리는 배움을 얻습니다. 물리학은 저를 실망시키지 않았습니다. 물리학은 저를 매혹시키고, 놀라게 하고, 혼란스럽게 하고, 어리둥절하게 하고, 어둠을 바라보며 밤새 생각에 빠지게 만들었습니다. "그런데 그게 정말 가능할까? 어떻게 그런 걸 믿을 수 있지?" 라마 섬의 해변에서 차슬라프가 중얼거렸던 질문에서 이 책은 시작되었습니다.

나에게 물리학은 현실의 구조와 사고의 구조가 가장 긴밀하게 짜여 있는 곳이자, 이 짜임이 계속적인 진화의 강렬한 시험을 받는 곳으로 보였습니다. 그 여정은 예상했던 것보다 더 놀라운 모험이었습니다. 공간, 시간, 물질, 생각, 현실 전체가 마치 거대한 마법의 만화

경처럼 눈앞에서 새롭게 재구성되었습니다. 광활한 우주의 장대한 역사의 발견보다 더, 아인슈타인의 놀라운 예측보다도 훨씬 더, 양자론은 내게 우리의 정신적 지도에 근본적인 의문을 제기하게 했습니다.

이폴리트 텐의 말을 빌리자면, "고전적 세계관은 확증되지 않은 환각"입니다. 양자론의 실체 없이 파편화된 세계야말로 현재로서는 세계와 가장 잘 어우러지는 환각입니다.

양자의 발견이 우리에게 가져다준 세계상에는 아찔함, 자유로움, 쾌활함, 가벼움이 있습니다. '애야, 몹시 놀란 얼굴이구나. 당황한 것 같아. 자, 기운 내.' 호기심에 사로잡힌 소년 시절의 나는 마술피리를 따라가는 어린아이처럼 물리학의 길로 접어들었고, 마침내 생각지도 못한 마법의 성을 발견했습니다. 한 젊은이가 북해의 성스러운 섬으로 여행하고서 열어놓은 양자론의 세계, 그리고 이 글에서 이야기하고자 했던 양자론의 세계는 내게 놀랍도록 아름다워 보입니다.

괴테는 바람이 몰아치는 극한의 헬골란트에 대해 "자연의 끝없는 매력을 보여주는" 지상의 장소라고 썼습니다. 그리고 이 성스러운 섬에서 벨트가이스트Weltgeist, 즉 '세계정신'을 경험할 수 있다고 했습니다.[135] 어쩌면 하이젠베르크에게 말을 걸어 우리 눈에 드리운 안개를 조금이나마 걷어낼 수 있도록 도와준 것이 바로 이 정신이었을지도 모르겠습니다.

견고한 무언가에 의문이 제기될 때마다, 다른 무언가가 열리고 우리는 더 멀리 볼 수 있게 됩니다. 바위처럼 단단해 보였던 실체가 녹아내리는 것을 보고 있노라면, 부드럽게 흘러가는 덧없는 삶도 한결 가벼워지는 것 같습니다.

사물들은 서로 연결되어 서로를 비추며, 18세기의 차가운 역학으로는 포착할 수 없었던 밝은 빛으로 빛나고 있습니다.

그 때문에 우리가 어안이 벙벙해지더라도. 우리가 깊은 신비감에 젖게 된다 해도요.

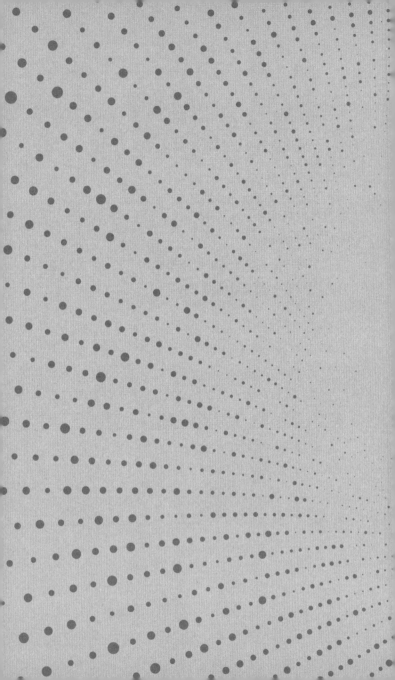

감수의 글

과학과 철학을 넘나드는
광활한 물리학 여정

20세기의 저명한 양자 물리학자인 머리 겔만Murray Gell-Mann은 이렇게 말했다.

"양자역학은 우리 가운데 누구도 제대로 이해하지 못하지만 사용할 줄은 아는 무척 신비롭고 당혹스러운 학문이다."

리처드 파인만도 마찬가지로 "양자역학을 이해하는 사람은 아무도 없다"고 말했다. 양자 이론은 매우 유용하지만 세계의 실재, 세계상에 대해 말해주는 바는 이해하기 어렵고 매우 혼란스럽다는 말이다. 오늘날 양자 이론이 물리학·화학·생물학·천문학 등 현대 과학의 기초이고 컴퓨터, 레이저, 원자력과 같은 현대 기술의 유용한 토대임을 생각한다면, 이는 미스터리가 아닐 수 없다.

카를로 로벨리는 이 책 《나 없이는 존재하지 않는 세상》에서 양자 이론이 탄생한 지 100년이 지난 지금에도 풀리지 않고 있는 이 수수께끼에 새롭게 도전한다. 양자 이론이 세계의 실재에 대해 무엇을 말해주는지, 혹은 양자 이론이 그려내는 세계는 어떠한 모습인지를 진지하게 탐구한다. 결론부터 말하면 세계는 고정된 속성을 지닌 자립적인 실체, 즉 물질 입자들로 구성되어 있지 않고 상호 간의 작용과 상관관계를 바탕으로 한 관계의 네트워크로 이루어져 있다. (그는 이를 양자 이론에 대한 '관계론적 해석'이라고 부른다.)

로벨리의 탐구는 관찰 가능성에 기반해 양자 이론을 꽃피운 베르너 하이젠베르크의 아이디어에서 출발하지만, 그 여정의 전 과정은 놀라울 정도로 광활하고 방대하다. 과학과 철학의 영역을 경계 없이 넘나들면서 통섭적으로 사고한다.

먼저 로벨리는 양자 이론이 밝혀주는 세계의 실재 이미지와 관련해서, 이를 나름대로 강하게 제시한 기존의 관점을 비판한다. 특히 양자 세계를 고전적인 물질 파동의 세계로 본 슈뢰딩거나 봄의 관점이라든가, 양자 도약, 양자 중첩, 양자 얽힘의 기이한 현상을 이해하고자 양자 이론에 숨은 변수 또는 다세계 개념을 추가로 도입한 관점 등이 대표적이다. 이들 관점은 양자 세계의 불확정성과 불연속성 그리고 확률을 피하고자, 그 대가로 실재에 대한 고전적인 이미지를 고수하거나 결코 관찰할 수 없는 요소를 세계의 실재 이미지에 추가하고 있다고 비판한다. 로벨리는 양자 이론은 우리를 혼란스럽게 하지만, 세계의 실재를 이해하는 새로운 관점, 즉 세계의 실재에 대한 그림 또는 사물을 생각하는 개념적 틀을 새롭게 열어준다고 본다. 그에게 과학은 그 자신의 개념적 토대를 수정하고 세상을 처음부터 다시 설계할 수 있는 반항적이고 비판적인 사고의 힘이기 때문이다.

한편 로벨리는 앞의 관점과는 대척점에 서 있는 통상적인 입장, 즉 양자 이론이 관찰 가능한 것만 설명한다는 하이젠베르크의 독특한 생각과 양자 이론은 현상이 발생할 확률만을 예측한다는 보른의 주장, 그리고 아주 작은 규모의 양자 세계는 입자적이라는 관점에 기본적으로 공감한다. 하지만 세계의 실재에 대해 무관심하고 아무것도 말해주지 않는 정통 코펜하겐 해석(양자 이론을 단순히 확률 계산의 도구로 간주)과는 전혀 다르게 관찰, 확률, 입자성의 의미를 관계라는 실재를 통해 새롭게 재해석한다.

로벨리는 양자 현상에서 매우 기이한 역할을 하는 관찰(또는 관찰자)을, 의식을 지닌 인간만의 특별한 것으로 보지 않고, 자연의 과정으로서 자연법칙을 따르는 두 대상 사이의 상호작용 또는 상관관계로 본다. 의식의 형성 및 작용 또한 마찬가지다. 로벨리에게 이 세계는 끊임없는 상호작용의 촘촘한 그물망이다. 대상은 처음부터 고유한 속성을 지닌 자립적인 실체가 아니라, 다른 대상과의 상호작용 속에서 관련 속성이 끊임없이 발생하는 관계적 존재다. 사물의 속성은 대상 안에 있는 것이 아니라 다른 사물과의 상호작용 속에 서만 존재하며, 상호작용하는 대상이 달라지면 속성도 달라질 수 있는 두 대상 사이의 관계다. 한마디로 이 세계는 확정된 속성을 가진 대상들의 집합이 아닌 관계의 그물망이다. 이것이 로벨리가 말하는 양자 이론이 밝혀준 실재의 모습이다. 이제 양자 이론은 하이젠베르크의 기대와 달리 양자적 대상이 관찰을 통해 우리 (혹은 '관찰자')에게 어떻게 나타나는지를 기술하는 것이 아니라, 두 물리적 대상이 서로에게 나타나는 방식 곧 관계를 기술한다.

또한 로벨리는 양자 이론의 확률을 정보와 연결 짓고, 정보 역시 두 대상 사이의 상관관계의 산물로 본다. 양자 이론은 대상을 관찰하지 않으면 그것이 어디에 있는지 말해주지 않다가 대상을 관찰하면 어떤 지점에 있을 확률을 말해주는데, 이는 관찰이라는 두 대상 간의 상호작용이 만들어낸 정보의 변화라는 것이다. 두 개의 동전을 자유롭게 던지느냐 아니면 특정한 방식으로 묶어 던지느냐에 따라 일어날 사건에 관한 정보가 달라지고 특정 사건이 일어날 확률도 달라지는데, 이는 두 개의 동전 사이의 상호 관계가 달라진 결과인 것처럼 말이다. 로벨리는 이런 정보의 관점에서 양자 이론을 새롭게 이해한다. 하이젠베르크의 불확정성 원리는 정보의 유한성에 바탕해서 설명하고, 물리적 변수 간의 비가환성은 대상과의 새로운 상호작용이 항상 새로운 관련 정보를 주지만 동시에 기존의 관련 정보를 잃게 만든다는 관점에서 설명한다.

로벨리에게 입자성은 물질과 더불어 양자 현상이 아주 작은 세계에서는 입자적 형태로 나타남을 의미한다. 즉 불연속성을 의미하는 것이지, 세계가 입자와 같은 실체로 이루어졌음을 말하는 것이 아니다. 또한 로벨리는 이미 그의 저서인 《시간은 흐르지 않는다》에서 아주 작은 세계에서는 시간과 공간조차도 입자성을 띤다고 주장하였는데, 이는 입자성이 매우 일반적인 것임을 함축한다.

마지막으로 이 책에 스며 있는 로벨리의 깊은 철학적 사유를 언급하지 않을 수 없다. 로벨리는 양자 세계에 관한 자신의 관계론적 관점이 자연주의 철학의 바탕 위에 있음을 강조한다. 그는 세계가 인간의 정신 속에만 있다고 보는 관점(관념론)과 세계가 공간 속에서 움직이는 물질 입자들로만 이루어져 있다고 보는 관점(유물론) 모두를 비판한다. 또한 현상 이면에 실재가 있고 현상은 이 대상 실재의 발현이라는 가정을 버리고, 대상을 현상들의 연결 매듭으로 보는 마흐의 생각을 긍정적으로 받아들인다. 그리고 인간의 의식이나 '나'라는 존재 또한 세계와 마찬가지로 어떤 실체나 토대

없이 관계와 상호작용으로 구성돼 있다고 본다.

이런 로벨리의 자연주의는 초기 대승불교의 핵심 사상인 나가르주나의 공空 사상과 공명한다. 아무것도 그 자체로 존재하지 않는다면, 모든 것은 다른 것에 의존하고 다른 것과의 관계에서만 존재한다면, 이는 독립된 실체의 존재를 부정하는 나가르주나의 공空과 다르지 않다. 모든 상호작용은 사건이며, 실재를 엮는 것은 이 가볍고 덧없는 사건인 것이다.

양자 이론의 관계론적 해석에 관한 로벨리의 이야기는 이렇게 마무리된다. 상호 관계를 통해서만 세상은 존재한다는 그의 메시지는 양자 이론이 밝혀주는 세계의 실재 이미지를 넘어 우리 인간의 삶에도 큰 울림으로 다가온다. 나아가 과학과 철학을 서로 연결해서 견주어보고 서양 철학과 동양 철학을 함께 아우르는 그의 사유는 관계, 연결 그리고 통섭 그 자체다. 로벨리의 글은 언제나 그랬듯이 수식 없이 이해 가능하며 쉽고 간결하다. 이 책을 통해 독자들도 인간을 포함한 세계 전체를 상관관계와 맥락의 관점에서 이해하는 새로운 시각을 직접 체험해볼 수 있기를 기대한다.

이중원

1   하이젠베르크의 이 글과 다음 인용문은 W. Heisenberg, *Der Teil und das Ganze*, Piper, München, 1969에서 발췌해 조금 각색한 것이다. (국역본: 《부분과 전체》, 유영미 옮김, 서커스, 2023.)

2   N. Bohr, *The Genesis of Quantum Mechanics, in Essays 1958-1962 on Atomic Physics and Human Knowledge*, Wiley, New York, 1963, pp. 74-78.

3   W. Heisenberg, *Über quantentheoretische Umdeutung kinematischer und mechanischer Beziehungen*, 《Zeitschrift für Physik》, 33, 1925, pp. 879-93.

4   M. Born & P. Jordan, *Zur Quantenmechanik*, 《Zeitschrift für Physik》, 34, 1925, pp. 858-88.

5   P.A.M. Dirac, *The Fundamental Equations of Quantum Mechanics*, 《Proceedings of the Royal Society A》, 109, 752, 1925, pp. 642-53.

6   디랙은 하이젠베르크의 표가 비가환 변수라는 것을 깨닫고, 거기서 예전에 고등 역학 강좌에서 접한 푸아송 괄호를 떠올린 것이었다. 73세의 디랙이 직접 들려주는 그 운명적인 시절에 대한 유쾌한 이야기는 https://www.youtube.com/watch?v=vwYs8tTLZ24 에서 확인할 수 있다.

7   M. Born, *My Life: Recollections of a Nobel Laureate*, Taylor & Francis, London, 1978, p. 218.

8   W. Pauli, *Über das Wasserstoffspektrum vom Standpunkt der neuen Quantenmechanik*, 《Zeitschrift für Physik》, 36, 1926, pp. 336-63, 테크닉의 명인.

9   F. Laudisa, *La realtà al tempo dei quanti: Einstein, Bohr e la nuova immagine del mondo*, Bollati Boringhieri, Torino, 2019, p. 115에서 인용.

10 A. Einstein, *Corrispondenza con Michele Besso (1903-1955)*, Guida, Napoli, 1995, p. 242.

11 N. Bohr, *The Genesis of Quantum Mechanics*, 앞의 책, p. 75.

12 디랙의 용어로는 q-수. 좀 더 현대적인 용어로는 연산자. 더 일반적인 용어로는 4부에서 설명할 방정식에 의해 정의되는 비가환 대수의 변수라고 부른다.

13 W.J. Moore, *Schrödinger, Life and Thought*, Cambridge University Press, New York, 1989.

14 E. Schrödinger, *Quantisierung als Eigenwertproblem(Zweite Mitteilung)*, 《Annalen der Physik》, 384, 6, 1926, pp. 489-527.

15 즉, 아이코널 근사를 역산한 것이다.

16 E. Schrödinger, *Quantisierung als Eigenwertproblem(Erste Mitteilung)*, 《Annalen der Physik》, 384, 4, 1926, pp. 361-76. 슈뢰딩거는 먼저 상대론적 방정식을 써봤는데 그것이 틀렸다는 것을 깨달았다. 그런 다음 비상대론으로의 극한을 취해 살펴봤더니 효과가 있었다.

17 E. Schrödinger, *Über das Verhältnis der Heisenberg-Born-Jordanschen Quantenmechanik zu der meinem*, 《Annalen der Physik》, 384, 5, 1926, pp. 734-56.

18 이 책 전체에서 ψ는 위치를 기본 변수로 하는 파동함수이면서 힐베르트 공간에서 벡터로 표현되는 추상적 양자 상태 둘 다를 가리킨다. 이어지는 고찰에서는 이러한 구분이 중요하지 않다.

19 George Uhlenbeck, A. Pais, *Max Born's Statistical Interpretation of Quantum Mechanics*, 《Science》, 218, 1982, pp. 1193-98의 인용에 따름.

20 M. Kumar, *Quantum: Einstein, Bohr, and the Great Debate about the Nature of Reality*, Icon Books, London, 2010 p. 155에서 인용. (국역본:《양자 혁명 - 양자물리학 100년사》, 이덕환 옮김, 까치, 2014.)

21 위의 책, p. 220.

22 E. Schrödinger, *Nature and the Greeks and Science and Humanism*, Cambridge University Press, Cambridge, 1996.

23 M. Born, *Quantenmechanik der Stoßvorgänge*, 《Zeitschrift für Physik》, 38, 1926, pp. 803-27.

24 ψ(x)의 절댓값의 제곱은 입자가 다른 곳이 아니라 점 x에서 관측될 확률밀도를 나타낸다.

25 이제 카지노의 규칙이 바뀌어 이런 방식은 불법이 되었다.

26 마찬가지로, 하이젠베르크 이론은 선행 관찰 결과가 주어졌을 때 무언가를 볼 확률을 알려준다.

27 $B = 2h\nu 3c-2/(eh\nu/kT-1)$.

28 M. Planck, *Über eine Verbesserung der Wien'schen Spectralgleichung*, 《Verhandlungen der Deutschen Physikalischen Gesellschaft》, 2, 1900, pp. 202-204.

29 $E = h\nu$.

30 A. Einstein, *Über einen die Erzeugung und Verwandlung des Lichtes betreffenden heuristischen Gesichtspunkt*, 《Annalen der Physik》, 322, 6, 1905, pp. 132-48.

31 광전지는 이 현상을 이용한 것으로, 특정 금속 위에서는 빛에 의해 약한 전류가 발생한다. 이상하게도 이 현상은 빛의 세기와 관계없이 진동수가 낮은 빛에서는 일어나지 않는다. 아인슈타인은 그 이유가 광자의 진동수가 낮으면 (아무리 수가 많아도) 에너지가 너무 작아 원자에서 전자를 튕겨낼 수 없기 때문이라고 이해한다.

32 N. Bohr, *On the Constitution of Atoms and Molecules*, 《Philosophical Magazine and Journal of Science》, 26, 1913, pp. 1-25.

33 이후 N. Bohr, *The Quantum Postulate and the Recent Development of Atomic Theory*, 《Nature》, 121, 1928, pp. 580-90로 발표되었다.

34 P.A.M. Dirac, *Principles of Quantum Mechanics*, Oxford University Press, Oxford, 1930.

35 J. von Neumann, *Mathematische Grundlagen der Quantenmechanik*, Springer, Berlin, 1932.

36 J. Bernstein, *Max Born and the Quantum Theory*, 《American Journal of Physics》, 73, 2005, pp. 999-1008.

37 P.A.M. Dirac, *I principi della meccanica quantistica*, Bollati Boringhieri, Torino, 1968; L.D. Landau & E.M Lifšits, *Meccanica quantistica*, Editori Riuniti, Roma, 1976; R. Feynman, *La Fisica di Feynman*, Addison-Wesley, London, vol. III, 1970; E.H. Wichmann, *Fisica quantistica*, in *La fisica di Berkeley*, Zanichelli, Bologna, vol. IV, 1973; A. Messiah, *Quantum Mechanics*, vol. I, North Holland Publishing Company, Amsterdam, 1967.

38 A. Pais, *Ritratti di scienziati geniali. I fisici del XX secolo*, Bollati Boringhieri, Torino, 2007, p. 31에서 인용.

39 E. Schrödinger, *Die gegenwärtige Situation in der Quantenmechanik*, 《Naturwissenschaften》, 23, 1935, pp. 807-12.

40 이 때문에 우리는 일상생활에서 양자역학을 인식하지 못하는 것이다. 우리는 간섭의 결과를 보지 못하기 때문에 '깨어 있는 고양이'와 '잠든 고양이'의 양자적 중첩을 고양이가 잠들었는지 아닌지 모른다는 단순한 사실로 바꿀 수 있는 것이다. 다수의 환경 변수와 상호작용하는 물체에서 간섭현상의 억제는 잘 알려져 있다. 전문용어로는 '양자 결어긋남quantum decoherence' 이라고 한다.

41 이 역사적 논의를 자세히 재구성한 책들이 많이 있다. Manjit Kumar의 *Quantum*(앞의 책)이라는 훌륭한 책과 최근에는 Federico Laudisa의 저서 *La realtà al tempo dei quanti*(앞의 책)가 있다. Laudisa는 아인슈타인의 직관에 공감하지만 나는 보어와 하이젠베르크의 노선을 따르고 싶다.

42 D. Kaiser, *How the Hippies Saved Physics: Science, Counterculture, and the Quantum Revival*, W.W. Norton & Co, New York, 2012.

43 이 해석에 대한 최근의 옹호에 대해서는 인기 있는 책인, Sean Carroll, *Something Deeply Hidden: Quantum Worlds and the Emergence of Spacetime* (Dutton Books, New York, 2019)을 참고할 수 있다. (국역본:《다세계 - 양자역학은 왜 평행우주에 수많은 내가 존재한다고 말할까》, 김영태 옮김, 프시케의 숲, 2021.)

44 ψ 파동과 슈뢰딩거방정식만으로는 양자론을 정의하고 사용하기에 충분하지 않다. 관측 가능한 대수를 특정하지 않으면 전혀 계산할 수 없고, 우리가 경험한 현상과도 연결시킬 수 없다. 다른 해석에서는 이 관측 가능한 대수의 역할이 매우 명확하지만 다세계 해석에서는 전혀 명확하지 않다.

45 봄의 이론에 대한 소개와 옹호는 David Z. Albert, *Quantum Mechanics and Experience* di (Harvard University Press, Cambridge - London, 1992)에서 볼 수 있다. (국역본:《양자역학과 경험》, 차동우 옮김, 한길사, 2004.)

46 우리와 입자 사이의 상호작용은 매우 미묘한 방식으로 이루어지며, 제시된 이 이론에서도 명확하지 않은 경우가 많다. 측정기의 파동은 전자의 파동과 상호작용하지만, 장치의 역학을 이끄는 것은 전자의 위치에 따라 결정되는 공통 파동의 값이다. 따라서 그 추이는 실제로 전자가 어디에 있느냐에 따라 결정된다.

47 또 다른 가능성도 있다. 즉, 양자역학은 근사치일 뿐이며 숨은 변수가 실제로 어떤 특정 체제에서 드러날 가능성이다. 하지만 현재로서는 양자역학의 예측이 이렇게 수정되는 것은 볼 수 없다.

48 입자 집합의 배위 공간.

49 이러한 이론에는 여러 가지 버전이 있지만 모두 다소 인위적이고 불완전하다. 가장 잘 알려진 것은 다음 두 가지 버전으로, 하나는 이탈리아 물리학자 Giancarlo Ghirardi, Alberto Rimini, Tullio Weber가 고안한 구체적인 메커니즘이고, 다른 하나는 시공간에서 서로 다른 배위 사이의 양자 중첩이 임계값을 넘으면 중력에 의해 붕괴가 일어난다는 Roger Penrose의 가설이다.

50 C. Calosi & C. Mariani, *Quantum Relational Indeterminacy*, 《Studies in History and Philosophy of Science. Part B: Studies in History and Philosophy of Modern Physics》, 2020. 158-169.

51 더 정확히 말하면, 이 양 $\sharp$는 고전역학의 해밀턴 함수 S(해밀턴 야코비 방정식의 해)와 같은 것으로, 계산의 수단일 뿐 실제 실체로 간주해서는 안 된다. 그 증거로 해밀턴 함수 S는 사실상 파동함수 $\sharp \sim \exp iS/\hbar$의 고전적 극한이라는 점에 주목하라.

52 피히테, 셸링 헤겔의 의미에서.

53 양자역학의 관계론적 해석에 대한 전문적인 소개는 《Relational Quantum Mechanics》, *The Stanford Encyclopedia of Philosophy*, E.N. Zalta(ed.)를 참고할 수 있다. plato.stanford.edu/archives/win2019/entries/qm-relational/.

54 N. Bohr, *The Philosophical Writings of Niels Bohr*, Ox Bow Press, Woodbridge, vol. IV, 1998, p. 111.

55 여기서 내가 말하는 속성은 가변적인 속성이다. 즉, 위상공간에서 함수로 기술되는 속성이다. 입자의 비상대론적 질량과 같은 불변 속성이 아니다.

56 어떤 사건이 돌에 작용하여 돌을 변화시킨다면 그 사건은 돌에 대해 실재한다. 만약 어떤 사건이 발생했는데 돌에 대해 간섭현상이 일어나지 않고 다른 곳에서 일어난다면 그 사건은 돌에 대해 실재하지 않는다.

57 A. Aguirre, *Cosmological Koans: A Journey to the Heart of Physical Reality*, W.W. Norton & Co, New York, 2019.

58 E. Schrödinger, *Nature and the Greeks and Science and Humanism*, 앞의 책.

59 사건 e1이 'A와는 관계가 있지만, B와는 관계가 없다'는 것은 다음과 같은 것을 의미한다. e1은 A에 작용하지만, e1이 만약 B에 작용했더라면 불가능한, B에 작용할 수 있는 사건 e2가 존재한다.

60 ♯ 파동의 관계적 특성을 최초로 깨달은 사람은 1950년대 중반 미국의 젊은 박사과정 학생 휴 에버렛 3세[Hugh Everett III]였다. "Relative State" Formulation of Quantum Mechanics라는 제목의 그의 박사 학위 논문은 양자를 둘러싼 논의에 큰 영향을 미쳤다.

61 C. Rovelli, *Che cos'è la scienza. La rivoluzione di Anassimandro*, Mondadori, Milano, 2011. (국역판: 《첫번째 과학자, 아낙시만드로스 - 과학적 사고의 탄생》, 이희정 옮김, 푸른지식, 2017.)

62 Juan Yin, Yuan Cao, Yu-Huai Li 외, *Satellite-based entanglement distribution over 1200 kilometers*, 《Science》, 356, 2017, pp. 1140-44.

63 J.S. Bell, *On the Einstein Podolsky Rosen Paradox*, 《Physics Physique Fizika》, 1, 1964, pp. 195-200.

64 벨의 논증은 미묘하고 매우 기술적이지만 확고하다. 관심 있는 독자는 *Stanford Encyclopedia of Philosophy*: https://plato.stanford.edu/entries/bell-theorem/를 참고하면 자세한 내용을 알 수 있다.

65 두 계의 상태는 두 힐베르트공간의 텐서 합 $H1 \oplus H2$에서가 아니라 이들의 텐서 곱 $H1 \otimes H2$ 안에서 기술된다. 두 계의 파동함수의 일반적인 형태는 어떤 기저를 사용하든 $\phi12(x_1, x_2) = \phi1(x_1)\phi2(x_2)$가 아니라 일반 함수 $\phi12(x_1, x_2)$이며, 따라서 $\phi12(x_1, x_2) = \phi1(x_1)\phi2(x_2)$ 형식의 항들의 양자 중첩이 될 수 있다. 즉, 얽힘 상태를 포함하는 것이다.

66 분석 철학의 어법으로는, 관계는 개별 대상들의 상태에 수반되지 않는다. 관계는 필연적으로 외적이지 내적이지 않다.

67 그 이유는 (A와 B를 관찰된 속성이라 하고 OA와 OB를 이러한 속성과 관련된 관찰자의 변수라고 할 때) $|A\rangle \otimes |OA\rangle + |B\rangle \otimes |OB\rangle$ 형태의 얽힌 상태에서, A의 측정은 계를 $|A\rangle \otimes |OA\rangle$ 상태로 붕괴시키고, 따라서 이후에 관찰자의 변수에 대한 측정 결과가 OA가 되기 때문이다.

68 이것이 정보 이론을 소개하는 고전적 저서에서 섀넌이 제시한 '상대적 정보'의 정의다. C.E. Shannon, *A Mathematical Theory of Communication*, 《The

Bell System Technical Journal》, 27, 1948, pp. 379-423. 섀넌은 자신의 정의에 심적인 또는 의미론적인 것이 전혀 없다고 강조한다.

69 이 공준은 C. Rovelli, *Relational Quantum Mechanics*, 《International Journal of Theoretical Physics》, 35, 1996, pp. 1637-78; https://arxiv.org/abs/quant-ph/9609002에 소개되었다.

70 그 위상공간의 리우빌 부피는 유한하다. 모든 물리계는 유한 부피의 위상공간으로 적절히 근사화될 수 있다.

71 예를 들어, 스핀이 1/2인 입자의 스핀을 서로 다른 두 방향에서 측정하는 경우, 두 번째 측정 결과는 첫 번째 측정 결과가 이후의 스핀 측정 결과를 예측하는 데 무관한 것으로 만든다.

72 각주 69에 인용한 논문에 소개된 것과 유사한 아이디어가 A. Zeilinger, *On the Interpretation and Philosophical Foundation of Quantum Mechanics*, 《Vastakohtien todellisuus》, K.V. Laurikainen를 위한 논문집, U. Ketvel 외 편집, Helsinki University Press, Helsinki, 1996과 Č. Brukner & A. Zeilinger, *Operationally Invariant Information in Quantum Measurements*, 《Physical Review Letters》, 83, 1999, pp. 3354-57에 독립적으로 나타났다.

73 더 정확하게 말하자면, 어떤 물리계의 자유도도 위상공간에서 ℏ보다 더 높은 정확도로 국소화 상태를 가질 수 없다(상수 ℏ는 위상공간에서 부피의 차원을 가진다).

74 W. Heisenberg, *Über den anschaulichen Inhalt der quantentheoretischen Kinematik und Mechanik*, 《Zeitschrift für Physik》, 43, 1927, pp. 172-98.

75 처음에 하이젠베르크와 보어는 한 변수를 측정하면 다른 변수가 변한다는 사실을 구체적으로 해석했다. 즉, 입자성 때문에, 관찰 대상을 조정하지 않아도 될 만큼 섬세한 측정은 불가능하다고 생각한 것이다. 그러나 아인슈타인의 끈질긴 비판 때문에 그들은 사정이 더 미묘하다는 것을 깨달았다. 하이젠베르크의 원리는 위치와 속도가 확정된 값을 갖지만 하나를 측정하면 다른 하나가 변하기 때문에 둘 다 알 수 없다는 뜻이 아니다. 양자 입자는 결코 완벽하게 결정된 위치와 속도를 갖지 않는 존재라는 뜻이다. 양자의 위치와 속도는 상호작용에 의해서만 결정되며 그 결과 어느 한쪽은 불확정적일 수밖에 없게 된다.

76 관측 가능한 변수는 비가환 대수를 형성한다.

77 이 사실은 '양자 결어긋남'이라는 현상으로 잘 설명할 수 있다. 이 현상 때

문에 변수가 많은 환경에서는 양자 간섭현상이 보이지 않게 된다.

78 이것이 중심극한정리이다. 그 간단한 형태는, N개 변수들의 합의 변동은 일반적으로 $\sqrt{N}$에 비례하여 증가한다는 것으로, 이는 $\sqrt{N}/N$ 차수의 평균 변동이 N이 커짐에 따라 0을 향함을 의미한다.

79 V. Il'in, *Materializm i empiriokriticizm*, Zveno, Moskva, 1909 (국역본:《유물론과 경험비판론》. 박정호 옮김, 돌베개, 1992.)

80 A. Bogdanov, *Empiriomonizm. Stat'i po filosofii*, S. Dorovatovskij i A. Čarušnikov, Moskva - Sankt Peterburg, 1904 -1906; 영역본 *Empiriomonism: Essays in Philosophy, Books 1-3*, Brill, Leiden, 2019.

81 마흐의 발상에 대한 예리한 설명과 그의 사상에 대한 흥미로운 재평가를 담고 있는 책으로는 E.C. Banks, *The Realistic Empiricism of Mach, James, and Russell: Neutral Monism Reconceived*, Cambridge University Press, Cambridge, 2014가 있다.

82 "대서양 상공에 최저 기압이 형성되었다. 이 저기압은 러시아 상공의 최고 기압을 향해 동쪽으로 이동하고 있었으며, 아직 그것을 북쪽으로 비켜가려는 경향은 보이지 않았다. 등온선과 등서선은 제 할 일을 다했다. 기온은 연평균 온도, 가장 추운 달과 가장 따뜻한 달의 온도, 그리고 주기적인 월별 온도 변동과 정규 관계를 유지하고 있었다. 일출과 일몰, 월출과 월몰, 달과 금성과 토성환의 빛 변화와, 다른 많은 중요한 현상들도 천문연감에서 예측한 것과 일치했다. 대기 중 수증기장력은 최고치였고, 대기 습도는 낮았다. 다소 구식이지만 사실을 썩 잘 묘사하는 한마디로 말하자면, 1913년 8월의 어느 아름다운 날이었다."(R. Musil, Der Mann ohne Eigenschaften, Rowohlt, Berlin, vol. I, 1930.) (국역본:《특성 없는 남자》, 박종대 옮김, 문학동네, 2023.)

83 F. Adler, *Ernst Machs Überwindung des mechanischen Materialismus*, Brand & Co, Wien, 1918.

84 E. Mach, *Die Mechanik in ihrer Entwicklung historischkritisch dargestellt*, Brockhaus, Leipzig, 1883. (국역본:《역학의 발달 - 역사적·비판적 고찰》, 고인석 옮김, 한길사, 2014.)

85 E.C. Banks, *The Realistic Empiricism of Mach, James, and Russell*, 앞의 책.

86 B. Russell, *The Analysis of Mind*, Allen & Unwin - The Macmillan Company, London - New York, 1921. (국역본:《러셀, 마음을 파헤치다》, 박정환 옮김, 북하이브, 2022.)

87 A. Bogdanov, *Vera i nauka O knige V. Il'ina 《Materializm i empiriokriticizm》*, in *Padenie velikogo fetišizma(Sovremennyj krizis ideologii)* 거대한 물신주의의 몰락(현대의 이데올로기적 위기), S. Dorovatovskij i A. Čarušnikov, Moskva, 1910 마흐의 사상에 대한 자세한 논의는 A. Bogdanov, *Priključenija odnoj filosofskoj školy*, Znanie, Sankt Peterburg, 1908.

88 칼 포퍼도 비슷한 맥락에서 마흐를 잘못 해석하고 있다. K. Popper, *A Note on Berkeley as Precursor of Mach and Einstein*, 《The British Journal for the Philosophy of Science》, 4, 1953, pp. 26-36.

89 "유물론의 철학적 입장에서 인정하는 물질의 유일한 속성은 객관적 실재라는 속성, 우리 정신의 외부에 존재한다는 속성이다." (레닌, 《유물론과 경험비판론》, 5장.)

90 E. Mach, *Die Mechanik in ihrer Entwicklung historischkritisch dargestellt*, 앞의 책.

91 이것으로 부족하다면 마흐의 책 4.9의 각주를 다시 읽어보라. 마치 우수한 학생이 아인슈타인의 일반상대성이론의 기본 발상을 부지런히 설명하는 것처럼 보인다. 다만… 그 글이 아인슈타인이 이론을 발표하기 32년 전인 1883년에 쓰였다는 점만 제외하면.

92 D.W. Huestis, *The Life and Death of Alexander Bogdanov, Physician*, 《Journal of Medical Biography》, 4, 1996, pp. 141-47.

93 https://brill.com/view/book/edcoll/9789004300323/front-7.xml.

94 Wu Ming, *Proletkult*, Einaudi, Torino, 2018.

95 K.S. Robinson, *Red Mars; Green Mars; Blue Mars*, Spectra, New York, 1993-1996.

96 D. Adams, *The Salmon of Doubt: Hitchhiking the Galaxy One Last Time*, Del Rey, New York, 2005.

97 예를 들어, 아인슈타인이 광자 상자 사고실험을 통해 제시한 반론에 대한 보어의 답변은 잘못된 것이었다. 보어는 일반상대성이론을 끌어왔지만 그것은 문제와 무관했으며, 문제는 멀리 떨어진 물체 사이의 얽힘이었다.

98 N. Bohr, *The Philosophical Writings of Niels Bohr*, 앞의 책, p. 111.

99 M. Dorato, *Bohr meets Rovelli: a dispositionalist accounts of the quantum limits of knowledge*, 《Quantum Studies: Mathematics and Foundations》, 7, 2020, pp. 233-45; https://doi.org/10.1007/s40509-020-00220-y

100 아리스토텔레스에게 관계는 실체의 한 속성이다. 그것은 다른 것에 대한 실체의 성질이다(《범주》, 7, 6 a, 36-37). 아리스토텔레스에게 관계는 모든 범주 중에서 '덜 존재하고 덜 실재인' 범주이다(《형이상학》, XIV, 1, 1088 a, 22-24, 30-35). 우리는 다르게 생각할 수 있을까?

101 C. Rovelli, *Relational Quantum Mechanics*, 앞의 책. 《Relational Quantum Mechanics》, in *The Stanford Encyclopedia of Philosophy*, 앞의 책.

102 B.C. van Fraassen, *Rovelli's World*, 《Foundations of Physics》, 40, 2010, pp. 390-417; www.princeton.edu/~fraassen/abstract/Rovelli_sWorld-FIN.pdf

103 M. Bitbol, *De l'intérieur du monde: Pour une philosophie et une science des relations*, Flammarion, Paris, 2010. (관계론적 양자역학은 3부에서 설명된다.)

104 F.-I. Pris, *Carlo Rovelli's quantum mechanics and contextual realism*, 《Bulletin of Chelyabinsk State University》, 8, 2019, pp. 102-107.

105 P. Livet, 《*Processus et connexion*》, in *Le renouveau de la métaphysique*, S. Berlioz, F. Drapeau Contim & F. Loth, Vrin, Paris, 2020.

106 M. Dorato, *Rovelli's Relational Quantum Mechanics, Anti-Monism, and Quantum Becoming*, in *The Metaphysics of Relations*, A. Marmodoro & D. Yates, Oxford University Press, Oxford, 2016, pp. 235-62; http://arxiv.org/abs/1309.0132

107 예를 들어 다음 책들을 보라. S. French & J. Ladyman, *Remodeling Structural Realism: Quantum Physics and the Metaphysics of Structure*, 《Synthese》, 136, 2003, pp. 31-56; S. French, *The Structure of the World: Metaphysics and Representation*, Oxford University Press, Oxford, 2014.

108 L. Candiotto, *The Reality of Relations*, 《Giornale di Metafisica》, 2, 2017, pp. 537-51; philsci-archive.pitt.edu/14165/

109 M. Dorato, *Bohr meets Rovelli*, 앞의 책.

110 J.J. Colomina-Almiñana, *Formal Approach to the Metaphysics of Perspectives: Points of View as Access*, Springer, Heidelberg, 2018.

111 A.E. Hautamäki, *Viewpoint Relativism: A New Approach to Epistemological Relativism based on the Concept of Points of View*, Springer, Berlin, 2020.

112 S. French & J. Ladyman, *In Defence of Ontic Structural Realism*, in *Scientific Structuralism*, A. Bokulich & P. Bokulich, Springer, Dordrecht, 2011, pp. 25-42; J. Ladyman & D. Ross, *Every Thing Must Go: Metaphysics Naturalized*, Oxford University Press, Oxford, 2007.

113 J. Ladyman, *The Foundations of Structuralism and the Metaphysics of Relations*, in *The Metaphysics of Relations*, 앞의 책.

114 M. Bitbol, *De l'intérieur du monde*, 앞의 책.

115 L. Candiotto & G. Pezzano, *Filosofia delle relazioni*, il nuovo melangolo, Genova, 2019.

116 플라톤, 《소피스트》, 247 d-e.

117 C. Rovelli, *L'ordine del tempo*, Adelphi, Milano, 2017. (국역본: 《시간은 흐르지 않는다》, 이중원 옮김, 쌤앤파커스, 2019.)

118 E.C. Banks, *The Realistic Empiricism of Mach, James, and Russell*, 앞의 책.

119 Nāgārjuna, *Mūlamadhyamakakārikā*; 영역본: J.L. Garfield, *The Fundamental Wisdom of the Middle Way: Nāgārjuna's* 《*Mūlamadhyamakakārikā*》, Oxford University Press, Oxford, 1995. (국역본: 《근본중송》, 이태승 옮김, 지식을만드는지식, 2022.)

120 같은 책, XVIII, 7.

121 E.C. Banks, *The Realistic Empiricism of Mach, James, and Russell*, 앞의 책, 결론.

122 Ch. Darwin, *The Origin of Species by Means of Natural Selection*, Murray, London, 1859. (국역본: 《종의 기원》, 장대익 옮김, 사이언스북스, 2019.)

123 실제로는 무작위로 구성되어 있으면서 적절하게 조직되지 않았던 것들은 소멸되었을 때에도, 어떤 목적에 따라 조직되어 있는 것처럼 보이는 존재가 있을 수 있다. 가령 엠페도클레스가 말하는 '사람의 얼굴을 한 소' 같은 것들이 그러하다.", 아리스토텔레스, 《자연학》, II, 8, 198 b, 29-32.

124 같은 책, II, 8, 198 b, 35.

125 이 장은 다음 논문의 내용을 충실히 따르고 있다. C. Rovelli, *Meaning and Intentionality = Information + Evolution, in Wandering Towards a Goal*, A. Aguirre, B. Foster & Z. Merali, Springer, Cham, 2018, pp. 17-27. 예시와 아이디어는 2016년 캐나다 밴프에서 열린 학회 *The physics of the observer*에서 발표되었던, David Wolpert의 강연 *Observers as systems that acquire information to stay out of equilibrium*에서 영감을 얻은 것이다.

126 D.J. Chalmers, *Facing Up to the Problem of Consciousness*, 《Journal of Consciousness Studies》, 2, 1995, pp. 200-19.

127 J.T. Ismael, *The Situated Self*, Oxford University Press, Oxford, 2007.

128 M. Dorato, *Rovelli's Relational Quantum Mechanics, Anti-Monism, and Quantum Becoming*, 앞의 책.

129 Th. Nagel, *What Is It Like to Be a Bat?*, 《The Philosophical Review》, 83, 1974, pp. 435-50

130 예를 들어 A. Clark, *Whatever next? Predictive Brains, Situated Agents, and the Future of Cognitive Science*, 《Behavioral and Brain Sciences》, 36, 2013, pp. 181-204을 보라.

131 D. Rudrauf, D. Bennequin, I. Granic, G. Landini 외, *A Mathematical Model of Embodied Consciousness*, 《Journal of Theoretical Biology》, 428, 2017, pp. 106-31; K. Williford, D. Bennequin, K. Friston, D. Rudrauf, *The Projective Consciousness Model and Phenomenal Selfhood*, 《Frontiers in Psychology》, 2018.

132 H. Taine, *De l'intelligence*, Librairie Hachette, Paris, vol. II, 1870, p. 13.

133 A. Bogdanov, *Empiriomonizm. Stat'i po filosofii*, 앞의 책, 영역본: p. 28.

134 필자는 *Appearance and Physical Reality*, https://lectures.dar.cam.ac.uk/video/100/appearance-and-physicalreality라는 강연에서 시각과 과학 사이의 관계를 개진하였으며, 이 강연은 이후 Darwin College Lectures 시리즈의 한 권인 *Vision*(Cambridge University Press)에 수록될 예정이다.

135 J.W. Goethe, 1827년 3월 3일 Christian Dietrich von Buttel에게 보낸 편지, *Gedenkausgabe der Werke, Briefe und Gespräche*, E. Beutler, Artemis, Zürich, vol. XXI, 1951, p. 741; 1827년 10월 24일 Karl Friedler Zelter에게 보낸 편지, 같은 책, p. 767.

나 없이는 존재하지 않는 세상

2023년 12월 1일 초판 1쇄 | 2024년 11월 27일 22쇄 발행

지은이 카를로 로벨리 **옮긴이** 김정훈 **감수** 이중원
펴낸이 이원주

책임편집 조아라
기획개발실 강소라, 김유경, 강동욱, 박인애, 류지혜, 이채은, 최연서, 고정용
마케팅실 양근모, 권금숙, 양봉호, 이도경 **온라인홍보팀** 신하은, 현나래, 최혜빈
디자인실 진미나, 윤민지, 정은예 **디지털콘텐츠팀** 최은정 **해외기획팀** 우정민, 배혜림, 정혜인
경영지원실 홍성택, 강신우, 김현우, 이윤재 **제작팀** 이진영
펴낸곳 (주)쌤앤파커스 **출판신고** 2006년 9월 25일 제406-2006-000210호
주소 서울시 마포구 월드컵북로 396 누리꿈스퀘어 비즈니스타워 18층
전화 02-6712-9800 **팩스** 02-6712-9810 **이메일** info@smpk.kr

© 카를로 로벨리(저작권자와 맺은 특약에 따라 검인을 생략합니다)
ISBN 979-11-6534-847-2 (03400)

쌤앤파커스(Sam&Parkers)는 독자 여러분의 책에 관한 아이디어와 원고 투고를 설레는 마음으로
기다리고 있습니다. 책으로 엮기를 원하는 아이디어가 있으신 분은 이메일 book@smpk.kr로 간
단한 개요와 취지, 연락처 등을 보내주세요. 머뭇거리지 말고 문을 두드리세요. 길이 열립니다.